数码服装设计一体化

款式设计·三维试衣·数码印花

黄宗文　著

中国纺织出版社

内 容 提 要

本书以艺术与技术融合、技术助推创意为思维导向，紧跟时尚与前沿技术，侧重软件的创新应用和软件功能的交叉协同；以数码设计一体化为切入点，即从服装艺术设计的构思入手，在数字平台上实现款式造型、板型结构、色彩图案、裁片布局、3D试衣，直至数码印花并制作出成品。整个流程会用到二维服装CAD、三维服装CAD、图形图像软件（Painter/Illustrator/Photoshop）、色彩管理软件等多个数字平台，并以案例的形式将其整合应用，着重介绍从创意构思到产品实现的设计流程与综合技法，以便读者融会贯通。

本书既可作为服装计算机辅助设计类课程的教材，也可作为服装从业人员的参考书。

图书在版编目（CIP）数据

数码服装设计一体化：款式设计·三维试衣·数码印花/黄宗文著. --北京：中国纺织出版社，2016.9
ISBN 978-7-5180-2920-4

Ⅰ. ①数… Ⅱ. ①黄… Ⅲ. ①服装设计—计算机辅助设计—图形软件 Ⅳ. ①TS941.26

中国版本图书馆CIP数据核字（2016）第210414号

策划编辑：杨美艳　　责任编辑：杨　勇　　责任校对：楼旭红
责任设计：何　建　　责任印制：王艳丽

中国纺织出版社出版发行
地址：北京市朝阳区百子湾东里A407号楼　邮政编码：100124
销售电话：010－67004422　传真：010－87155801
http://www.c-textilep.com
E-mail：faxing@c-textilep.com
中国纺织出版社天猫旗舰店
官方微博http://weibo.com/2119887771
北京市雅迪彩色印刷有限公司印刷　各地新华书店经销
2016年9月第1版第1次印刷
开本：787×1092　1/16　印张：14
字数：116千字　定价：58.00元

PREFACE 前言

本书摆脱了计算机辅助设计类书籍侧重软件功能操作的书写惯例，而是以艺术与技术融合、技术助推创意为思维导向，以设计真实的成品为目标，集成了二维服装CAD、三维服装CAD、图形图像软件（Painter/Illustrator/Photoshop）的功能优势，在数字平台上实现款式造型、板型结构、色彩图案、裁片布局、3D试衣的一体化设计，直至数码印花并制作出成品（部分案例），使数字技术与设计思维无缝连接，体现了一气呵成的工作效能，突破了传统设计思路的局限。读者能够从中感受到数字技术与时尚设计相结合所带来的神奇魅力，更为原创设计提供了可借鉴的技术方法。

本书的编写顺应了服装市场个性化定制、快时尚的变化趋势，突出了数码设计独特的创新优势。鉴于二维服装CAD的技术已经十分成熟，这方面的书籍亦趋于饱和，因此本书将焦点集中在三维服装CAD和数码服饰图案设计上，以产品设计的全程数字化为着眼点，着重探索三维服装CAD在产品研发和展示中的应用，以及数码印花设计的方法与技巧，如数码肌理、数码拼贴、数码视错、数码虚拟结构等，由此带来了新的创作形式与创作风格，而目前这方面的教材尚属不足。

本书共分五章，分别是设计工具、款式造型、图案布局、工艺肌理和综合设计。第一章结合书中的设计实例，从综合设计的角度提炼相关软件的功能应用。第二章把图案与廓型的契合作为重点，介绍了三维数码造型、二维数码造型、立体解构造型三个设计实例。第三章以花卉、格纹、条纹等经典元素为纹样素材，结合点状构成、线状构成、面状构成、综合构成等装饰形式，运用数码设计，快速、高效地实现多种布局方案的变化。第四章以扎染、拼贴等传统工艺肌理为切入点，对其进行数码效果的仿制和创新重构，给传统技艺带来别具一格的视觉感受与时尚韵味，向古老的服饰文化和传统手工艺致敬。第五章从综合设计的角度介绍了三款设计：传统旗袍数码仿真、超现实风格服装数码设计、定制小礼服数码设计，展示了从方案构思到数码设计，直至数码印花并制作出成品的全过程。

本书在编写过程中得到北京服装学院各级领导和同行老师们的支持与帮助，在此表示衷心的感谢！在编写中，还得到北京服装学院教学改革立项和优秀教材立项的支持，书中的主体内容经过教学实践收到显著成效，在创意与技术融合、拓展创新空间方面作出了有益探索，为培养能整合运用数码技术的创新人才发挥了作用，也为服装计算机辅助设计类课程的改革提供了可借鉴的思路。本书既为教研探索，也是抛砖引玉，书中观点和内容还有待深化和提高，不当之处恳请专家、读者不吝指正。

中国纺织出版社的编辑为本书的出版提供了指导和建议，杨帆、耿明、徐璐、孙涵、吴真也为本书的撰写提供了帮助，在此一并致谢！

著者
2016年1月

Part1
第一章

设计工具

在世界经济一体化的今天，以创新为特征的新经济浪潮正席卷全球。现代科技和时尚的结合，不断给时装业带来惊喜和变化，也改变着设计师在服装设计中的创新手法。新材料、新技术、新工艺颠覆了传统设计的思维与理念，国际时装大牌也纷纷加入到时尚业的重大转变之中，先锋设计师们进行跨界合作，创造性地将新型材料和新技术融入其设计中，不断探索时装的内涵和外延，探索时尚创意的无限可能性，挑战未来时尚的极限。

3D打印、可穿戴技术等前沿科技正逐渐渗入时尚领域，代表了目前时尚与科技融合的热点与方向，给服装注入了神奇的活力。

可穿戴智能服装（图1-1）的创新点在于：将技术融入生活之中，改变了生活方式。可穿戴消费产品满足了人们来自生理、心理、健康、审美的各种需要，同时提高了服装的品质和内涵。还有一些奇思妙想的智能服装，如会发光的衣服（图1-2）、测醉话的智能衣（图1-3）、透明度可变化的智能衣（图1-4）等，充分体现了科技激发创新思维、科技推动创意设计的实现。

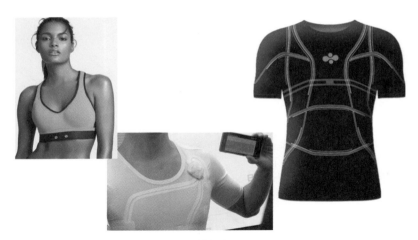

图1-1

图1-2

图1-3

图1-4

　　3D打印设计时装无疑是一种颇具创造性的新技术，荷兰设计师艾里斯·凡·赫本（Iris van Herpen）是3D打印设计的领军人物，3D打印在她的手中发挥得淋漓尽致（图1-5）。尽管3D打印服装价格昂贵，不会很快进入消费领域，但其意义在于改变了服装设计与制作的方式，设计师们只需尽情地将自己的设计想法借助3D打印系统来实现，不必再斟酌一件衣服需要用何种剪裁与缝制方式以及用何种面料。基于计算机的设计和3D打印，能够完成更精确、更复杂的多元打印结构，能够更有效地模拟织物形式，对于设计师突破传统设计方式，构建新型设计理念具有里程碑的意义。

　　纵观每一季各大时装周以及时装院校的毕业秀，时尚印花更是设计师必不可少的设计元素，成为秀场上引人瞩目的亮点（图1-6）。数字设计与数码印花技术的应用，可使设计师采用自己的时尚词汇充分表达创意理念和品牌风格，作品极具观赏性、艺术性和流行性，成为科技与艺术融合、科技助推创意最显著的成果。

　　被誉为"数码印花女王"的英国设计师玛丽·卡特兰佐（Mary Katrantzou），毕业于中央圣马丁艺术与设计学院的时装印花（Fashion Print）专业，一直致力于研究新廓

图1-5

图1-6

型和印花新技术。其作品独特、张扬，同时又具有强烈的女性魅力，是将色彩、面料与形态完美结合的最佳范本（图1-7）。时装打印设计已经成为英国时尚先锋的特色之一，引领着数码艺术创作的潮流。

本书的着眼点在于数码一体化的创作过程，侧重软件的创新应用和软件功能的交叉协同，围绕设计目标，集成软件的功能优势，发挥其最佳效能。以数码设计一体化为切入点，即从服装艺术设计的构思入手，在数字平台上实现款式造型、板型结构、色彩图案、裁片布局、3D试衣，直至数码印花到制作出成品（部分案例），整个流程会用到二维服装CAD、三维服装CAD、图形图像软件、色彩管理软件等多个数字平台（图1-8）。

图1-7

其突出优势为：突破设计思路的局限，高度融合了艺术设计和数字技术，使技术和设计思维做到无缝连接。建构了造型、图案、板型、工艺的立体设计思维，使设计从原点出发，注重设计的结果，实现产品设计的全程数字化。着重探索了三维服装CAD在产品研发和展示中的应用，以及数码印花设计的方法与技巧，如数码肌理、数码拼贴、数码视错、数码虚拟结构等，由此带来了新的创作形式与创作风格，使数字设计真正成为创新的助推器，实现多角度、深层次的综合应用。

　　本章从综合设计的角度提炼了相关软件的功能应用。限于篇幅，书中的设计案例着重介绍从创意构思到产品实现的设计流程和综合技法，各类软件工具的基础内容读者可参阅相关软件的工具书和操作手册。

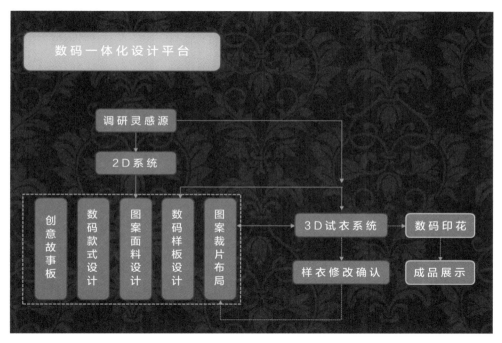

图1-8

第一节　二维服装CAD

　　服装CAD又名服装计算机辅助设计，是服装Computer Aided Design的缩写。二维服装CAD的核心内容是计算机辅助款式设计、纸样设计、推板和排料。在产品创新阶段应用最多的是样板设计模块，其功能涵盖了纸样设计、纸样变化、纸样编辑修改、毛样板制作、输入输出等（图1-9）。二维服装CAD的技术已经十分成熟，目前在企业的普及率较高，限于篇幅，书中未展开具体工具的使用方法，在网上读者可以很方便地查阅相关软件的操作手册。市场上有几十种国内外厂家开发的服装CAD软件，不同品牌的CAD各具特色。本书二维制板软件采用富怡CAD系统。

在数码服装设计一体化的过程中，纸样设计是实现创意构想的基础环节。为了突出图案的整体效果，通常采用简约的结构造型，借助二维服装CAD系统的纸样设计模块，可快速、精准地予以完成。复杂的结构可用立体裁剪的方法实现，然后通过数字化仪输入到计算机中。

绝大多数CAD系统都支持DXF格式的输入、输出文件，设计完成的纸样可导出为DXF格式，为后续的三维试衣和图案设计使用；反之，也可以导入数字化仪读入的纸样文件和三维试衣系统导出的DXF纸样，以便做进一步的板型调整和工业纸样的制作（图1-10）。

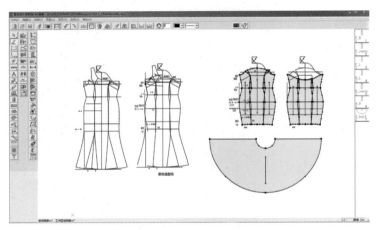

图1-9

图1-10

第二节　三维服装CAD

三维服装CAD是服装CAD的前沿技术，主要功能包括三维人体构建、二维纸样设计与修改、三维虚拟缝制与试衣、不同材质模拟、三维T台秀等（图1-11、图1-12）。使用三维服装CAD能够直观展示服装虚拟试穿效果，提高样衣制作的效率和设计的成功率。此外，还在产品研发评审、产品展示宣传、远程量身定制等方面发挥越来越多的作用。本书三维CAD软件应用CLO3D系统。

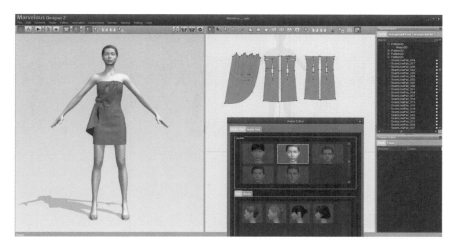

图1-11

图1-12

　　简约的款式造型易于在三维CAD软件中完成，特别是对创意性、概念性的廓型设计，可借助于三维人体模型直接设计板型，并能同步展现成衣的虚拟缝合效果。设计师可据此进行动态调整，大胆尝试不同的造型效果，直至方案确定。

　　更常用的情况：先在二维CAD系统中完成款式的平面纸样，再将其导入三维CAD系统中进行虚拟缝合，预览产品的整体效果，验证二维纸样，并根据虚拟试衣效果进行修改调整。还可以在三维系统中变化纸样，进行款式创新，拓展形成系列产品。

　　在平面裁片上设计图案与空间效果之间存在明显差别，三维试衣系统正好发挥了无可替代的作用。将布局好的图案置入三维系统的衣片中，可从不同角度观察色彩搭配及图案布局的效果，动态地调整设计方案，并易于全面掌控各设计元素与整体设计风格的统一。还可以通过虚拟试衣发现问题并及时避免，如省道位置处图案对接的完整性等（图1-13）。

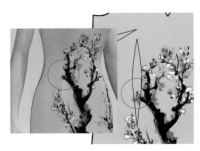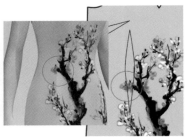

图1-13

平面设计软件

一、Painter软件

Painter软件是占据主导地位的模拟自然效果的绘画软件，它最大的特点是具有卓越的艺术笔刷功能，为数字艺术创作提供一个随意且较为真实的绘画环境（图1-14）。使用Painter软件可以模仿现实中进行艺术创作的各种材质、颜料与形态，如纸张的纹理、颜料的厚薄和笔触等。

在数码服装设计一体化的图案设计环节，根据设计内容，本书选用了Painter软件的多种艺术笔刷，如水墨笔刷、纹理笔刷、毛发笔刷、琴键笔刷等，完成了数字水墨画的绘制（图1-15）以及不同肌理效果的数码仿真（图1-16）。

图1-14

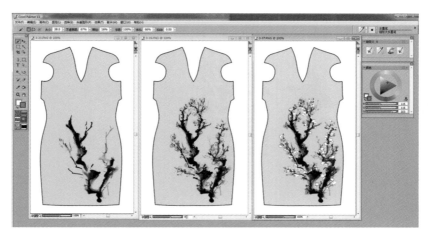

图1—15

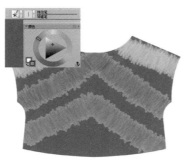

图1—16

二、Illustrator软件

Illustrator软件（简称AI）是一款专业矢量图形绘制软件，由于具有与Adobe公司其他软件如Photoshop完美地无缝连接和整合功能，使其在设计领域应用十分广泛，已经成为矢量图形制作中的标准。

二维服装CAD、三维服装CAD生成的DXF格式文件均是矢量图形，并且在1∶1衣片上布局图案需要高清晰的图片，一般的素材图片直接使用很难达到要求。矢量图形最突出的优点是不受分辨率大小和图形放缩的影响，故设计时大多采用的方法为：先将DXF文件转成AI格式，在AI中设计图案单元（图1—17）和衣片的图案布局（图1—18），进行原创设计，调整好位置及大小后，将其转换成点阵图形，再在Photoshop或Painter中作效果处理。

对于清晰度低、尺寸小的素材图片，可在AI中对其进行图像描摹，然后将描摹对象转换为路径，就可进行各种变化和重构设计了（图1—19）。

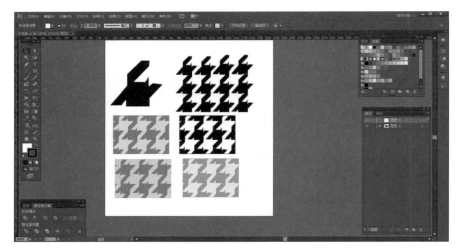

图1-17

图1-18

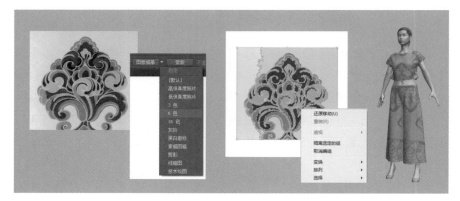

图1-19

三、Photoshop软件

Photoshop软件（简称PS）是最著名的图像处理软件，应用领域十分广泛。最突出的功能是对图像的特效处理与合成，主要工具类别包括涂画造型工具、线面造型工具、色彩设计工具、编辑调整工具、滤镜肌理工具等。除此之外，通道、图层样式、图层混合模式、图层蒙版、调整图层等的应用，也为设计变化提供了高效、便捷的手段。

在图案设计阶段，通常是在矢量软件AI中完成单元设计和布局设计后，将其导入PS进行图案的重构设计、色彩调整和效果处理（图1-20），如使用各种滤镜、图层样式、图层蒙版和对图像的细节进行修描。

图1-20

第四节　数码印花技术

数码印花（Digital Printing）始于20世纪90年代中期，是数字技术与传统印染技术相结合的产物，是传统印染行业的一次革命性突破。在数字化、网络化的时代背景下，数码印花代表着未来印染行业技术发展的方向。数码印花具有独特的艺术风格、广阔的色域、不受重复单元大小的限制等设计优势，使其受到越来越多设计师的青睐。将数码印花应用到服装设计上，能尽情地表达设计风格和理念，使服装款式、色彩、品种达到互衬互映的效果。同时，也让人们在服装上有了更多选择，满足了人们个性化的着装需求，适应了"快时尚"的市场变化。

数字喷墨印花可以像传统印花那样，先印制面料再制作成衣，也可以直接在裁片上印花。后者需要先将CAD生成的样板文件导出为通用平面软件支持的DXF格式文件，然后在平面软件中进行印花图案的设计、排版，以实现个性化的定制设计，制作出独一无二的印花时装，而且还节约印制的成本。本书案例以介绍个性化的裁片印花设计为主，其设计方法完全适用于匹料印花。

印花图案设计完成后，在正式打印前要先打印小样，对颜色和图案进行调整。校准好的印花图案经过电脑印花分色描稿系统编辑处理后，由专用的RIP（Rester Image Processer）软件控制喷墨印花系统，直接将专业染液喷射到各种织物及平面材质上，印出精美的印花产品。天然织物采用直接喷印（图1-21），但在织物印制前需要经过上浆预处理工艺，印后还要进行汽蒸、水洗、烘干等后处理工艺，以利于上色、固色和提高印制精度，因而成本较高。化纤织物采用热转印，即直接打印在热转印纸上，然后用热转印机转印到布料上（图1-22），织物无需进行处理。

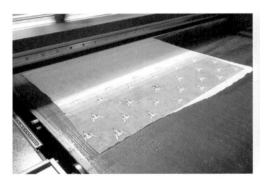
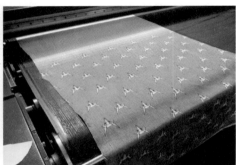

图1-21

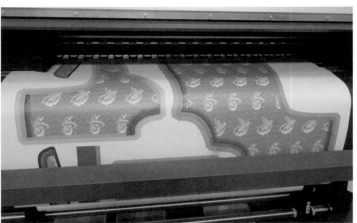

图1-22

Part2
第二章

款式造型

款式造型体现了服装的基本风格和特征，廓型以简洁、直观、明确的形象反映服装造型的特点。本章将图案与廓型的结合作为重点，局部造型与整体相配合，图案设计与服装风格、服装比例相吻合。使服饰图案在视觉上强调服装的轮廓特征，丰富服装的装饰效果，从而提升服装的穿着魅力。下面介绍三维数码造型、二维数码造型、立体解构造型三个设计实例。

第一节　建筑风格服装数码设计

一、创意分析

作品灵感来自未来感十足的建筑（图2-1）。方案构思：以极简的设计风格为主线，通过简洁硬朗的廓型诠释建筑风的超现代感，肩部采用夸张的造型，用经典的几何元素勾勒人体的块面，各种棱角的几何图形结合黑、白、灰的色块变化，强化了立体的造型效果，塑造出干练、强势的女性形象，将柔与刚完美结合，营造出超现代的性感魅力。

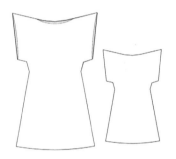

图2-1

二、设计流程与技法要点

1. 流程概览（图2-2）

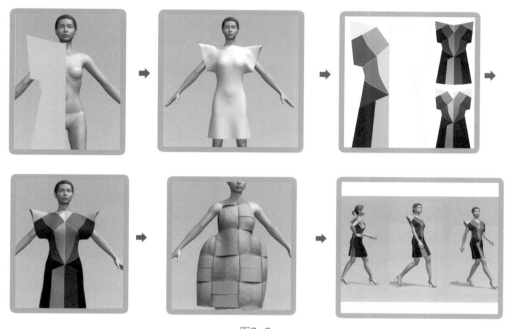

图2-2

2. 技法要点

- CLO3D直接造型。
- 3D与2D间的文件转换。
- AI几何图案设计。
- PS色彩叠加与变换。
- CLO3D交互设计。
- CLO3D动态展示。

三、廓型与结构设计

简约的款式造型易于在三维CAD软件中完成，特别是对创意性、概念性的廓型设计，可以借助三维人体模型直接设计板型，并能同步展示成衣的虚拟缝合效果，设计师可据此进行动态调整，大胆尝试不同的造型效果，直至方案确定。三维设计的板型还可转换到二维CAD系统中，作进一步的细节处理和生成毛样板。将其转换为DXF格式文件，则可以在平面图形软件中进行针对板型的定位图案设计。本节款式应用CLO3D系统直接造型。

步骤1：打开CLO3D试衣软件，在弹出的对话框中选择虚拟模特及发型（图2-3）。此对话框也可从菜单【虚拟化身】的【Avater Style】项打开。

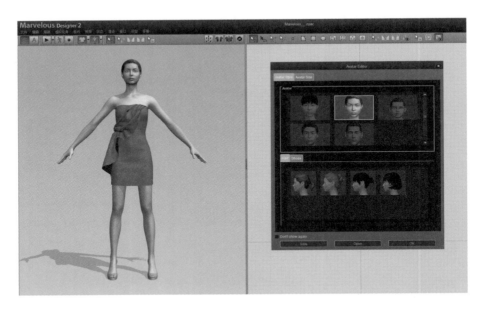

图2-3

步骤2：选择对话框中【Avater Size】选项卡，调整模特尺寸并确认。点击菜单【文件】的【新的】命令，【虚拟化身窗口】呈现未着装的模特，【板片窗口】显示人体平面投影（图2-4）。

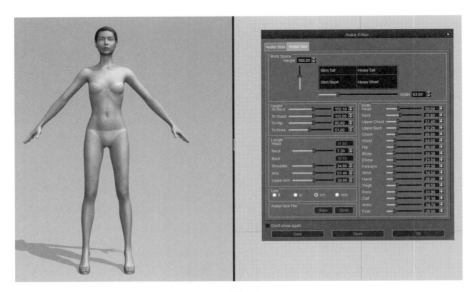

图2-4

模特体型分为四类，分别是【Slim Tall】【Slim Short】【Heavy Tall】【Heavy Short】，默认的体型是【Slim Tall】，在【Body Space】选项框中单击选择即可。若将模特尺寸进行了调整，需点击【Save】按钮保存修改后的尺寸文件，待再次打开衣服文件时可将其载入。【Avater Size】选项卡也可从菜单【窗口】的【虚拟化身大小控制器】项打开。

步骤3：设计右前半身结构（图2-5）。点击【制作多边形】工具，在【板片窗口】画出右前半身的廓型，最后一点要与起始点重合构成封闭图形。点击【编辑板片】工具，可修改造型点。在设计时，要将工具栏中的【同步】按钮打开，使设计的板型实时显示在【虚拟化身窗口】中。

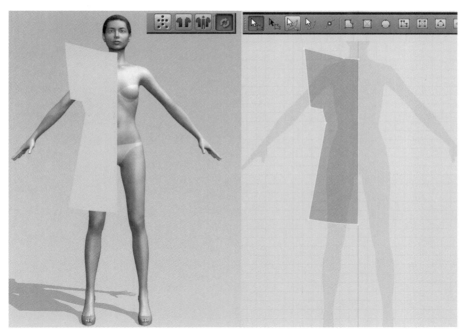

图2-5

按下鼠标滚轮键并拖动，可移动整个视窗的位置；前后滑动鼠标滚轮键，可控制视窗的放大和缩小；在【虚拟化身窗口】按下右键并拖动，可旋转模特的服装。在不同窗口、不同物体上单击右键，其功能不同，注意区分。

步骤4：点击【编辑板片】工具，选中右前片，单击右键，在弹出的菜单中选择【复制】及【粘贴】，复制出右后半身结构（图2-6）。

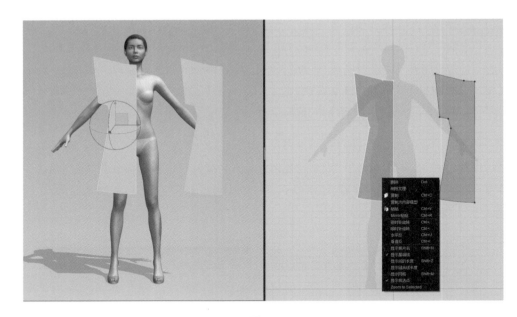

图2-6

步骤5：选中右后片，单击右键，在弹出的菜单中选择【mirror粘贴】，复制出左后片。选中前中线，单击右键，在弹出菜单中选择【展开】，复制翻转生成整个前片（图2-7）。

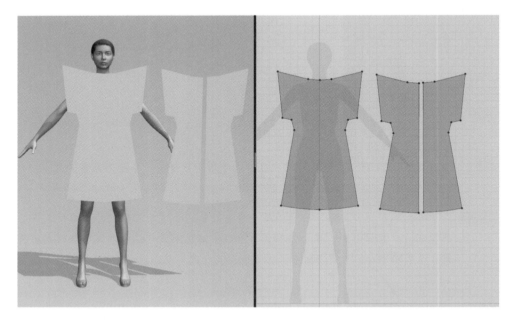

图2-7

步骤6：安排衣片（图2-8）。点击【显示安排点】工具，显示出模特周边的相对于人体各部位的红色安排点。选择衣片，再点击对应部位的安排点，就能将衣片安排在虚拟模特的周边，并依据人体曲面作相应变化。如果需要将衣片呈现为平面状态，可选中【虚拟化身窗口】的衣片，单击右键，在弹出菜单中选择【安排为平】即可。拖动三维放置球的不同坐标轴，可调整衣片安排的方位；沿三维放置球不同坐标面的圆形拖动，可调整衣片安排的角度。设定完成后，点击【显示安排点】工具，隐藏安排点。

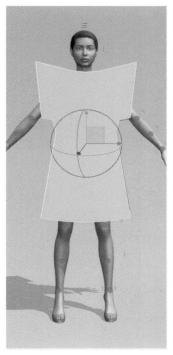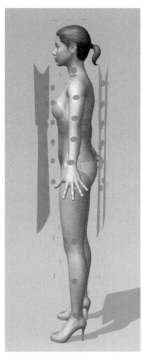

图2-8

提示3 选中某个衣片时，三维放置球会显示在【虚拟化身窗口】的对应衣片上。将光标移动到某一坐标轴上，按住鼠标左键拖动，可使衣片沿着该坐标轴移动，以调整衣片前后、左右、上下的位置。将光标移动到黄色方框上，按住鼠标左键拖动，可使衣片在平面内任意方向移动。将光标移动到两个坐标轴构成的圆形线上，按住鼠标左键拖动，可使衣片绕第三个坐标轴旋转，以调整衣片的角度。

步骤7：设定缝线（图2-9）。点击【线缝纫】或【自由缝纫】工具，对衣片的肩线、侧缝线等进行缝合设定。【线缝纫】工具适合对缝合线段进行设定，【自由缝纫】工具适合对衣片的缝合区域进行设定。

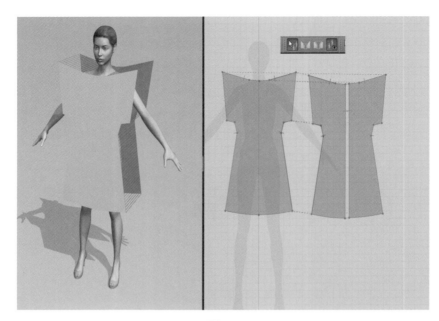

图2-9

步骤8：调节面料参数（图2-10）。面料的【物理属性】包括纬线强度、曲线强度、剪切强度、弯曲强度、密度、厚度、摩擦系数及压力等，可根据模拟面料的特点来调节相关参数，调节后的参数详见图中所示。也可从系统自带的面料中选择相近的种类。

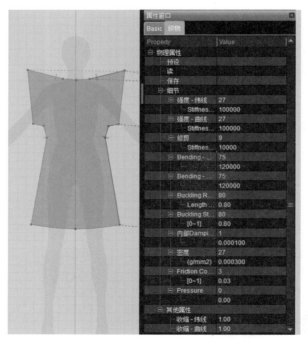

图2-10

步骤9：三维虚拟试衣（图2-11）。点击【模拟】工具或空格键，进行虚拟缝制和试穿。在模拟状态下，可用鼠标拖拽衣服的局部调整穿着状态；按住【W】键拖拽衣服，可将衣服固定在某个位置，起到用针【Pin】定型的作用。由于该款式的肩部造型夸张，需要用【Pin】在肩部定型。

步骤10：保存试衣文件（图2-12）。选择菜单【文件】下的【保存】项中【服装】命令，在弹出的【保存设置】对话框中，选择保存的内容，设定保存的路径及文件名，完成存储。

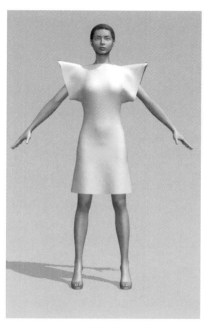

图2-11

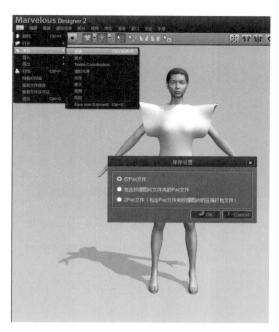

图2-12

四、图案与裁片布局设计

步骤1：在CLO3D中输出DXF格式的衣片文件（图2-13）。选择菜单【文件】下的【导出】项中【DXF】命令，设定保存的路径及文件名，点击【保存】，在其后出现的【导出DXF文件】对话框中，选择是否交换基础线和完成线，即可实现三维到二维文件格式的转换。

步骤2：在AI中打开衣片文件，使用【Ctrl+R】组合键显示标尺，将鼠标指针置于左侧纵向标尺上，按下左键拖动一条垂直"参考

图2-13

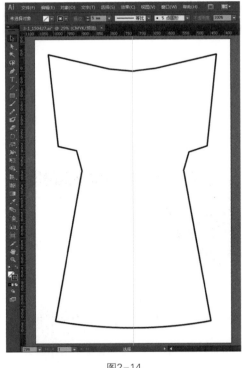

图2-14

线"到前片中心处（图2-14）。

步骤3：选用【钢笔工具】，依据人体结构关系勾勒右半身的几何块面，注意及时锁定已完成的几何形，以免影响后续的设计。填充色选用黑、白、灰与建筑风格呼应，结合黑、白、灰的色块变化，强化立体的造型效果，提亮边线形成对比（图2-15）。

步骤4：解锁后，将右半身各色块选中并成组，单击【镜像工具】，按下【Alt】键，拖动镜像中心参考点到衣片中心处的"参考线"上松开，会弹出【镜像】对话框，选中【垂直】单选按钮,【变换对象】和【变换图案】为选中状态，参数设置完成后，单击【复制】按钮，完成整个前片图案的设计（图2-16）。后片设计同前片。

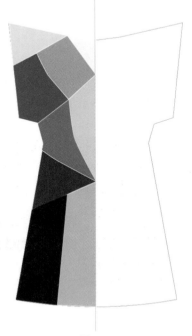

图2-15

图2-16

步骤5：保存AI格式文件，同时导出PSD格式文件，分辨率设定为300PPI，选中【写入图层】。

步骤6：在PS中打开衣片图案文件，按下【Ctrl】键，点击图层面板中衣片图案的缩图载入图案选区。

步骤7：在衣片图案层之上新建图层，选用【渐变工具】并设置渐变颜色，在新图层上拖动鼠标绘制渐变颜色，在图层面板上设置图层混合模式为【正片叠底】，叠加图案色彩，可设置不同的渐变颜色变换叠印的色彩效果（图2-17）。

图2-17

步骤8：分别使用【加深工具】【减淡工具】进行整体效果的调整。

步骤9：保存PSD格式的分层文件以便修改，将文件合层后可另存为TIFF格式文档用于数码印花（分辨率不变）。如果1∶1的裁片文件过大，在3D试衣软件中无法显示，需适当降低分辨率，另存为JPEG格式，压缩后的文件则可在3D试衣软件中正常显示。

五、3D虚拟试衣与动态展示

步骤1：在CLO3D中打开前面保存的衣服文件，选中衣片，利用属性窗口的表面纹理菜单来置入图案，点击织物属性窗口【纹理】选项右侧的按钮，在弹出的对话框中选择已设计好的图案文件，使用【编辑纹理】工具可微调图案的位置，完成款式与面料合成的整体试衣效果（图2-18）。在属性窗口，可进一步调整环境光的各项参数，以达到最接近面料特性的效果。

图2-18

步骤2：更换不同的面料图案，快速、直观地进行设计方案的比较（图2-19）。

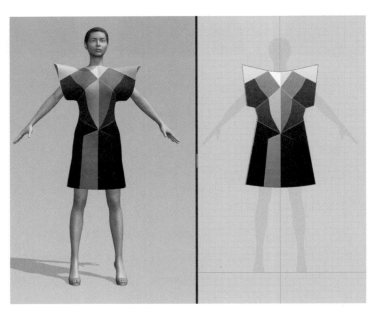

图2-19

步骤3：综合使用【编辑板片】【编辑曲率】【编辑曲线点】【加点/分线】等工具，交互修改板型，对款式进行变化，点击【同步】按钮，使变化后的效果实时显示在【虚拟化身窗口】中，并可重新选择与变化相适宜的面料（图2-20）。

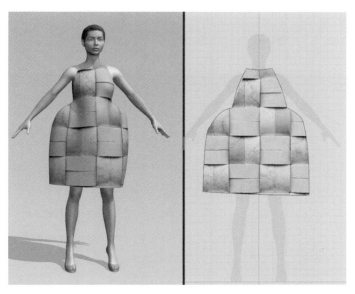

图2-20

步骤4：静态服装试衣完成后，可通过动态展示来观察服装在人体运动中的状态与适体度，也可制作成产品的宣传视频。选择菜单【文件】下的【打开】项中的【动作】命令，在弹出的【读文件】对话框中选择系统自带的动作文件，并确定【从当前姿态创制过渡动画到移动起点】（图2-21）。

步骤5：点击【虚拟化身窗口】中的【录制服装模拟】按钮，开始录制模特的动态模拟（图2-22），并保存为视频文件。

图2-21　　　　　　　　　　　　　图2-22

提示　动态展示时，需要将定位针去除，选中衣片，在右键菜单选【去除全针】。

步骤6：点击【虚拟化身窗口】中的【改变为视频状态】按钮，切换到视频状态（图2-23）。

图2-23

步骤7：选中【视频编辑器】中需要显示的模特和服装帧轨，点击播放工具进行动态展示。通过调节【帧步进】可控制模特的行走速度（图2-24）。

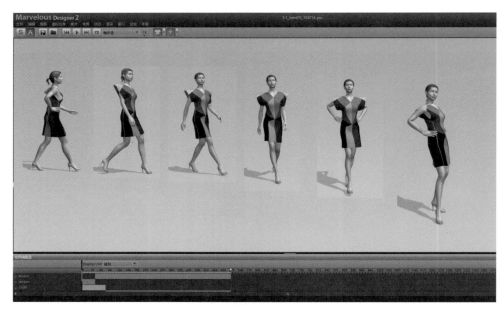

图2-24

绘画风格服装数码设计

一、创意分析

　　作品灵感源自中国水墨画。方案构思：采用修身的简洁造型，使服装整体宛若一幅流动的画布。用数字水墨笔挥毫泼墨，依人体的曲线布局画面，点线面穿插运用，色彩以鹅黄为主色调，协调灰、白、红等，散发着浓厚的中国古典艺术气息（图2-25）。

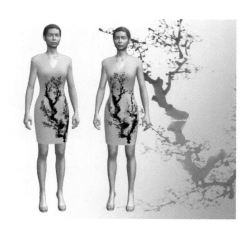

图2-25

二、设计流程与技法要点

　　1. 流程概览（图2-26）

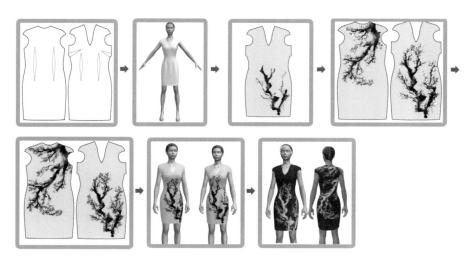

图2-26

2．技法要点

- CLO3D省道处理。
- Painter水墨笔刷运用。
- 图案布局与省道位置调整。
- Painter文件的"快速克隆"。
- Painter克隆笔刷运用。
- 纤维克隆笔与纤维质感。
- 图层混合模式与效果。

三、板型设计与三维虚拟试衣

1．板型设计

采用修身的简洁造型，领口、袖口曲线与整体造型相呼应，利落中不失甜美。在CAD打板软件中直接绘制样板（图2-27）。将CAD打板文件【输出ASTM文件】，存为DXF格式文件，为后续图案设计和三维试衣使用。

图2-27

2．三维虚拟试衣与板型调整

步骤1：在CLO3D中先调节试衣模特的尺寸，再导入DXF格式衣片文件。点击【显示安排点】工具，将衣片安排在虚拟模特的周边（图2-28）。

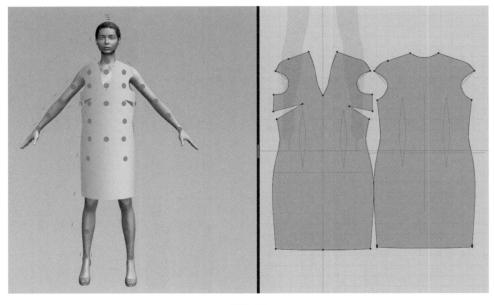

图2-28

步骤2：将省道转换为孔洞。在【板片窗口】点击【创造内部图形/线】工具，在衣片内部沿着省道描画，最后一点要与起始点重合构成封闭图形，按住【Ctrl】键可画曲线。点击【编辑板片】工具，选中省道内部图形，单击右键，在弹出菜单中选择【Convert to Hole】将省道转换为孔洞，点击【同步】按钮，实时显示挖空的省道（图2-29）。

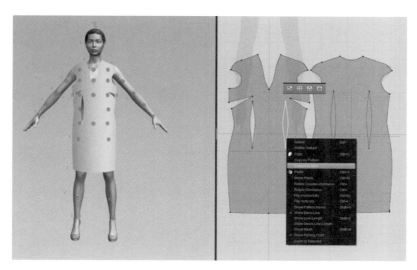

图2-29

提示 CLO3D低版本软件没有【勾勒轮廓】工具，衣片中的内部线需要用【创造内部图形/线】工具描画后，才能进行其他操作。【勾勒轮廓】工具的使用方法详见第五章第四节。

步骤3：沿用上节介绍的方法，设定衣片的缝合线、调节面料参数（图2-30）。

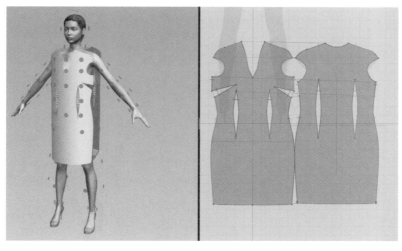

图2-30

步骤4：完成三维虚拟试衣（图2-31）。全方位观察三维虚拟试衣的效果，结合造型的风格适当调整板型，点击【同步】按钮，使变化后的效果实时显示在【虚拟化身窗口】中，直至最终确定。修改后的板型还要在CLO3D中再次输出DXF格式的文件，更新原有的衣片文件。

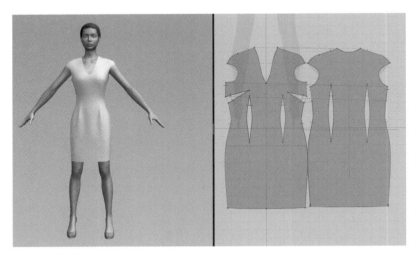

图2-31

四、图案布局设计与三维展示

步骤1：在AI中打开衣片文件，导出PSD分层格式文件。在Painter中打开PSD衣片文件，按下【Ctrl】键，点击图层面板中衣片层的缩图载入选区，新建图层填入底色（图2-32）。

步骤2：新建图层，选用水墨笔中的【锥形大水墨笔】绘出枝干的造型（图2-33），

图2-32

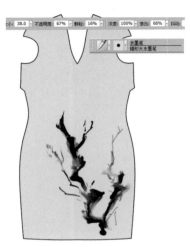

图2-33

随时调节笔刷参数，最好使用压感笔，随着运笔的方向、角度、速度、轻重的变化，线条也会产生虚实、浓淡、抑扬顿挫的变化。

步骤3：新建图层，调节笔刷参数，绘出细枝和花朵轮廓（图2-34）。

步骤4：新建图层，用墨色晕染细枝和花朵（图2-35）。

图2-34 　　　　　　　　　　　　　　　　　图2-35

步骤5：新建图层，用白色点缀花朵，提亮画面（图2-36）。

步骤6：新建图层，用灰色调加阴影，修饰整体画面（图2-37）。

图2-36 　　　　　　　　　　　　　　　　　图2-37

步骤7：省道处图案的调整。显示出省道线条图层，沿省道缝合区域内的图案作为选区，复制移动到省道外侧，适当调整方向使之与省道另一侧图案对接（图2-38）。

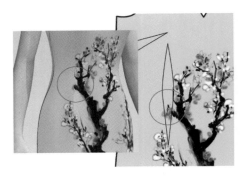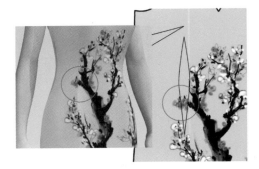

图2-38

步骤8：采用相同步骤完成后衣片的设计（图2-39）。

图2-39

步骤9：在CLO3D中选中衣片，置入相对应的图案文件，完成三维试衣效果（图2-40）。

图2-40

　　步骤10：在Painter中打开衣片图案文件，隐藏白色花朵图层，新建图层，将花朵用红色点染（图2-41）。在CLO3D中选中衣片，置入相对应的图案文件，完成三维试衣效果（图2-42）。

图2-41

第二章　款式造型

图2-42

步骤11：在Painter中打开衣片图案文件，选择【文件】下的【快速克隆】命令，克隆出另一个同样的图片（图2-43），新建图层，选用克隆笔中的【纤维克隆笔】刷

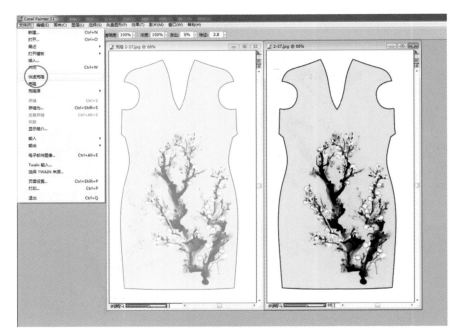

图2-43

出与源文件图案相仿的纤维质感，再与原衣片图案【胶合】叠加并调节透明度。在CLO3D中选中衣片，置入相对应的图案文件，完成三维试衣效果（图2-44）。采用相同方法与原衣片图案【反转】叠加，将图案整体色调进行变化，完成其三维试衣效果（图2-45）。

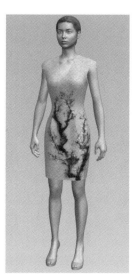
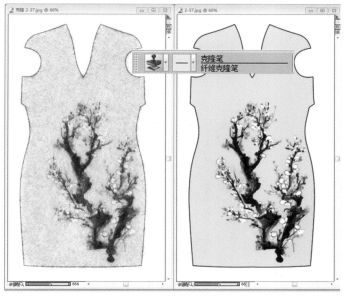

图2-44

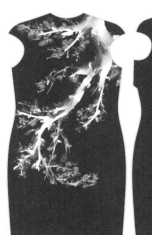

图2-45

第三节 | 立体构成风格服装数码设计

一、创意分析

作品灵感来自绿色植物。方案构思：打破惯常的结构形式，衣片相互穿插打造空间感。从绿色植物中提取元素，图案与解构相结合，通过定位图案强化造型的空间关系。花卉、叶子、绿草错落布局，花叶从衣片的内层空间延伸出来，营造透气、清新、自然的感觉（图2-46）。

图2-46

二、设计流程与技法要点

1. 流程概览（图2-47）

 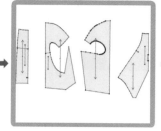 

图2-47

2. 技法要点

- 立体裁剪衣片的数字化。
- PS素材图片的调色处理。
- PS创建剪贴蒙版。
- PS添加图层样式。
- 素材元素的布局设计。
- CLO3D穿插衣片的试衣。

三、立体裁剪与板型设计

步骤1：从整体形象出发，打破常规结构采用立体裁剪，先设计外轮廓，再调整内外衣片的层次关系，构造出前后不同的空间造型，但要与布局图案的位置一同考虑（图2-48）。

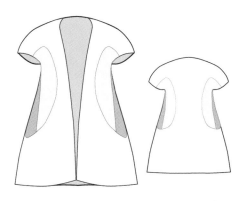

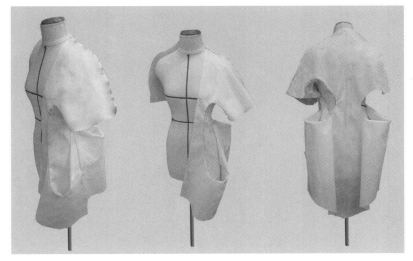

图2-48

步骤2：修好坯布样衣后，将布片整理平整，转移到纸板上，做好标记，再用数字化仪输入到电脑中，存成DXF格式文件（图2-49）。

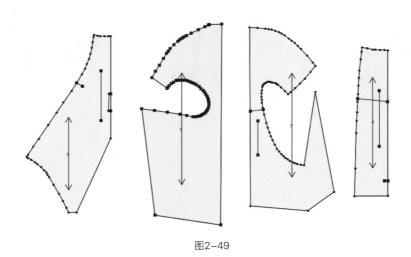

图2-49

四、图案元素调色处理

步骤1：在PS中打开素材图片，将花卉图片底色剪切掉；复制素材图案层，调整图案的【亮度/对比度】【色相/饱和度】，对细节进行修描（图2-50）。

图2-50

步骤2：采用同样方法完成其他素材图片的调色（图2-51）。

图2-51

五、图案与裁片布局设计

步骤1：在PS中打开衣片文件，选中衣片图层填充底色图案，将调色后的叶子图案置入到衣片文件中，调整位置后与衣片做剪贴蒙版，按住【Alt】键，鼠标放在图层面板上两个图层之间，当鼠标形状改变时单击即可。再为叶子图层【添加图层样式】，选中叶子图层，打开【图层样式】对话框，设置【投影】图层样式参数，增加叶子投影与立体感（图2-52）。

图2-52

步骤2：继续将调色后的绿草、花卉图案置入到衣片文件中，调整位置后与衣片做剪贴蒙版并【添加图层样式】（图2-53）。

图2-53

步骤3：采用同样方法布局其他衣片，协调好素材图案在衣片的位置关系，与空间解构设计预案相吻合（图2-54）。

图2-54

步骤4：将叶子、绿草、花卉图层合并为图案层，分别对衣片层、图案层进行【色彩平衡】【亮度/对比度】的调节，使图案整体色调进行变化，快速完成新的配色方案（图2-55）。

图2-55

六、3D虚拟试衣与效果调整

步骤1：在CLO3D中先调节试衣模特的尺寸，再导入DXF格式衣片文件。点击【显示安排点】工具，将衣片安排在虚拟模特的周边（图2-56）。

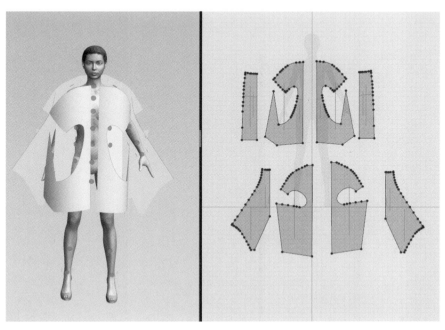

图2-56

步骤2：沿用第二章第一节介绍的方法，设定衣片的缝合线、调节面料参数，前身片与前侧片在侧缝处有部分缝线重合，后身片与后侧片亦相同（图2-57）。

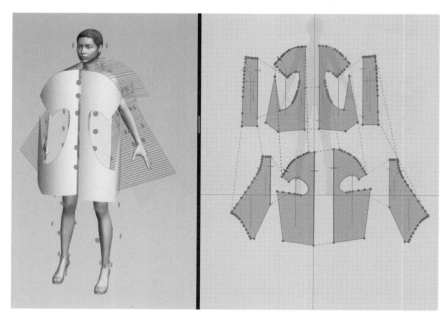

图2-57

步骤3：完成三维虚拟试衣（图2-58）。

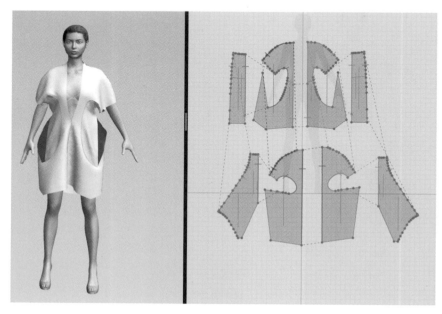

图2-58

步骤4：选中衣片，利用属性窗口的表面纹理菜单置入图案，点击织物属性窗口【纹理】选项右侧的按钮，在弹出的对话框中选择已设计好的图案文件，可直接观察图案的布局效果和不同的配色方案（图2-59、图2-60）。

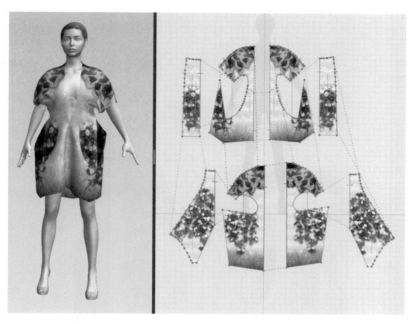

图2-59

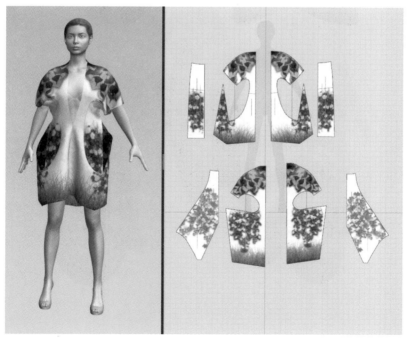

图2-60

七、数码印花与成品展示

数码印花：将PSD（分辨率300PPI）格式文件合层，另存为TIFF格式文档用于数码印花（分辨率不变），最终通过数码喷印与热转印工艺完成印花(图2-61)。裁剪、制作完成后的成品展示见图2-62。

图2-61

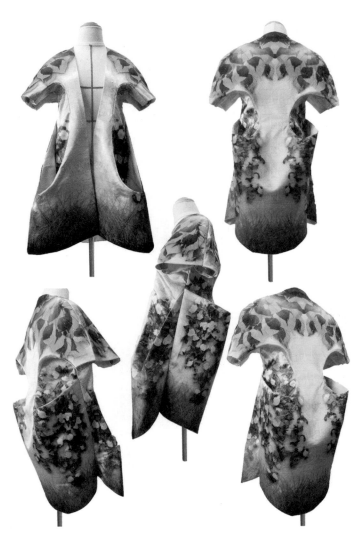

图2-62

第四节 技法详解

一、CLO3D二维纸样设计

1. 绘制轮廓线

步骤1：画直线。选用【制作多边形】工具，在【板片窗口】中依据模特体型轮廓单击左键即可画直线。按住【Shift】键时显示出导向线，可沿着水平、垂直、45°方向画线（图2-63）。

步骤2：画曲线。选用【制作多边形】工具，按住【Ctrl】键时转换为画曲线，松开【Ctrl】键可继续画直线，最后一点要与起始点重合构成封闭图形。选用【编辑板片】工具，选中衣片，在右键菜单中选择【显示线的长度】，可显示各线段的尺寸（图2-64）。

步骤3：同步显示。将工具栏的【同步】按钮打开，使设计的板型实时显示在【虚拟化身窗口】中（图2-65）。【同步】按钮打开时，【板片窗口】中的衣片颜色为灰色；该按钮未打开时，衣片颜色为棕红色。从未同步的衣片颜色是透明的。

图2-63

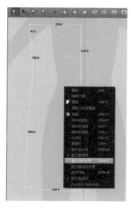

图2-64

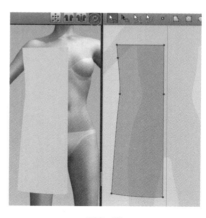

图2-65

2. 编辑纸样

步骤1：加减点。选用【加点/分线】工具，左键单击轮廓线即可在线上加点。当鼠标沿着某线段滑动时，随滑动点的移动，会实时显示滑动点到该线段两端的数值（图2-66）。右键单击轮廓线，在弹出的【分裂线】面板中，输入分割线段的长度或比例，可精准确定省道点的位置（图2-67）。

第二章 款式造型

45

图2-66   图2-67

步骤2：移动点。选用【编辑板片】工具，选中移动点，按下左键拖动即可，线段的长度数值也随之变化。在移动时按住【Shift】键，显示出水平、垂直、45°方向的导向线，即可沿着导向线移动（图2-68）。在移动点的同时单击鼠标右键，在弹出的窗口中输入尺寸，即可按照输入的数值将省道中点移动到省尖点（图2-69）。【同步】按钮打开时，做侧缝省后的板型变化也实时显示在【虚拟化身窗口】中（图2-70）。

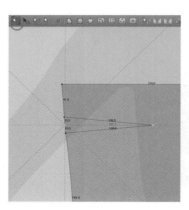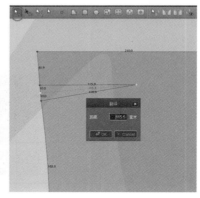

图2-68   图2-69

提示 选择【编辑板片】工具选中一个点后，按住【Shift】键可加选多个点。如要删除点，选中点后按【Delete】键。除了以鼠标拖动方式移动点外，还可以用键盘上的方向键移动。方向键间隔量的设定：按快捷键【F12】切换到【板片窗口属性】(或在【板片窗口】的空白处单击右键，在弹出的菜单中选择【板片窗口属性】)，然后选择【属性窗口】下的【Basic】标签页，对【移动方向钥匙】下的【每步行进距离（毫米）】进行调整，系统默认为10毫米。采用【编辑板片】工具对线段和衣片的操作方法相同。

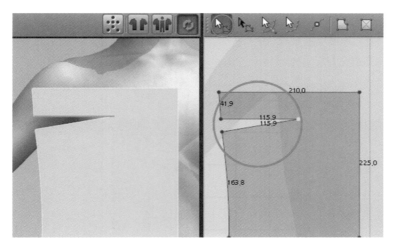

图2-70

步骤3：制作腰省。选用【创造Dart】工具在衣片腰部单击，在弹出的窗口中输入以省道中心为基准的左右宽度尺寸和上下高度尺寸（图2-71），即可自动生成腰省；做腰省后挖空的部分也实时显示在【虚拟化身窗口】的衣片上（图2-72）。选择【编辑板片】工具可微调省道的位置。选用【创造Dart】工具在衣片内单击并拖动鼠标，松开后即可生成以单击点为中心的任意尺寸的省道。

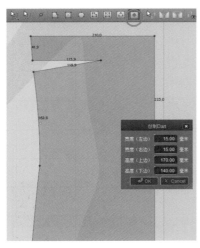

图2-71   图2-72

提示 开口位于轮廓线上的省道，需将省道开口断开，与轮廓线构成完整的封闭型；在衣片内部的省道，可以用【创造Dart】工具生成，也可以将构成省道的内部线【Convert to Hole】转换为孔洞，详见第二章第二节。

步骤4：编辑曲线。选用【编辑曲率】工具选择直线，拖动鼠标可以将其转换为曲线（图2-73），板型的变化也实时显示在【虚拟化身窗口】的衣片上（图2-74）；选择曲线并拖动，可以变换曲率。选用【编辑曲线点】工具修顺腰省（图2-75），在线上单击并拖动，可在线上追加点变换曲率，选择曲线点拖动可调整曲线。

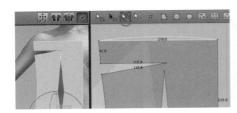

图2-73

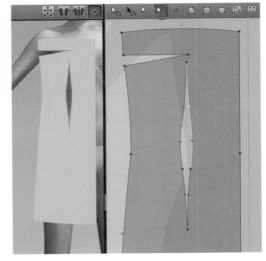

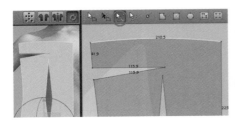

图2-74

图2-75

步骤5：复制翻转衣片。点击【编辑板片】工具，选中右前片单击右键，在弹出菜单中选择【复制】（图2-76），再选择【Mirror粘贴】，复制出左半身结构（图2-77）。后片的设计方法同前片，完成全部衣片的结构设计（图2-78）。

图2-76

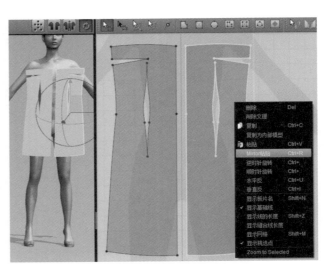

图2-77

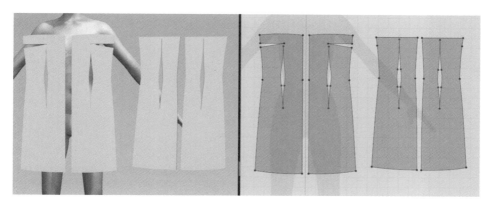

图2-78

提示 也可以在复制对称片前先进行部分缝合设定，然后再复制，以减少缝合线的重复设定。

二、CLO3D安排、缝合设定及试衣

1. CLO3D安排

步骤1：移动调整后片。选用【传输板片】工具，在【板片窗口】按下左键框选两后片（或用左键选中一个衣片，再按【Shift】键加选衣片），此时在【虚拟化身窗口】，选中的衣片出现三维放置球，按下右键拖动至左侧面视图（快捷键【6】），左键按住三维放置球中间的黄色方框将后片置于模特的身后（图2-79）。在【虚拟化身窗口】单击右键，在弹出菜单中选择【后】（快捷键【8】）切换到背面视图，沿三维放置球的水平轴拖动将后片置于模特的后中（图2-80）。在选中的后片上单击右键，在弹出菜单中选择【水平反】调整后片的正反面（图2-81）。

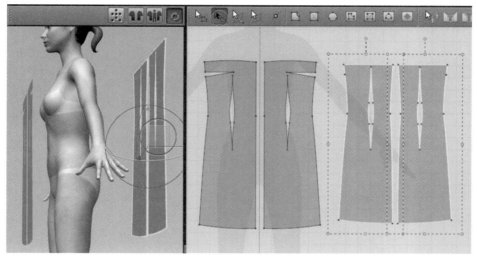

图2-79

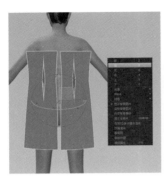 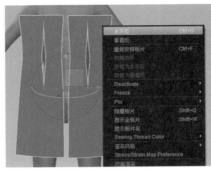 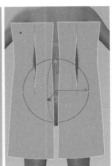

图2-80　　　　　　　　　　　　　　　　图2-81

提示　在模特窗口中，CLO3D系统提供了一组切换视角的快捷键，【前】快捷键是【2】，【后】快捷键是【8】，【左】快捷键是【6】，【右】快捷键是【4】，【上】快捷键是【5】，【下】快捷键是【0】。

　　步骤2：安排衣片。按【2】键切换到正面视图，单击【显示安排点】工具，在模特周边出现红色安排点，再次单击则隐藏安排点。先选择衣片，再单击衣片对应的安排点，衣片则环绕在人体的周边，然后通过三维放置球进行位置调整，后片的安排同前片（图2-82）。

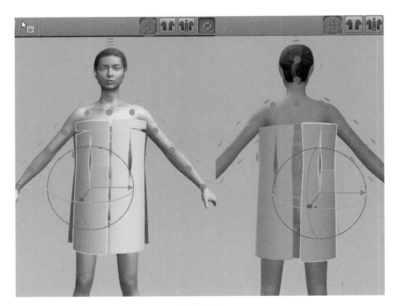

图2-82

提示　安排点的位置是以系统默认的模特尺寸来排布的，如果对模特尺寸进行了修改，需要单击【物体窗口】的【安排】标签页中的【穿】按钮，则安排点会自动调整到对应尺寸的模特周边。

步骤3：安排面和安排点的调整。安排点依附于围绕人体的圆柱状安排面上，可根据需要追加、删除、移动安排面和安排点。单击【显示服装】工具先将衣片隐藏，再次单击则显示出来。在【虚拟化身窗口】单击【显示虚拟化身】工具右边的三角形，选择【显示安排面】(图2-83)，在【物体窗口】的【安排】标签页中，列出人体不同部位安排面的名称，选择某个安排面后，改变其在【属性窗口】的尺寸，其上的安排点也随之变化，也可以利用三维放置球进行位置调整。例如，选择【Neck】安排面，修改【属性

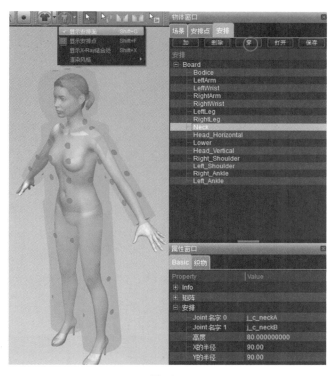

图2-83

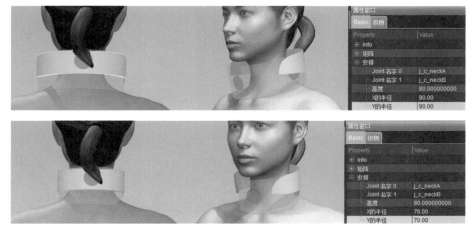

图2-84

窗口】的【X的半径】值和【Y的半径】值，再对领片进行安排，使领片与颈部的贴合程度发生变化（图2-84）。安排点也可以单独调整，再次单击【显示安排面】将安排面隐藏，选择某个安排点后，通过修改其【属性窗口】的【X】值、【Y】值和【抵消】值来移动点。例如，选中【Neck】安排面上的【Neck_Back】后中安排点，修改【抵消】值使领片与颈部的贴合程度发生变化（图2-85），而安排面并未改变。

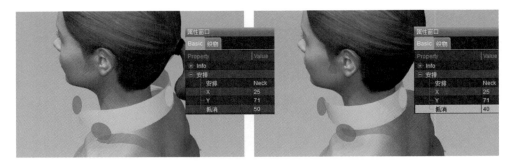

图2-85

2. 缝合设定及试衣

步骤1：线缝纫。选择【线缝纫】工具对缝合线段进行设定，用左键分别单击省道的两边，在缝合线上出现的垂直短线是缝合方向的标志，一般应将两条缝合线的缝合方向设定在同一方向，缝合方向会随着鼠标移动而改变。在【虚拟化身窗口】选择【服装】菜单下的【显示缝合线】（快捷键【Shift+D】），可看到缝合线的设定状态，以便检查与实际的缝合效果是否一致（图2-86）。采用同样方法设定好其他省道以及前、后中线的缝合。

图2-86

步骤2：自由缝纫。选择【自由缝纫】工具对缝合区域进行设定，左键单击左前片的袖窿底点和省道开口点，会同步显示出该段线的长度，再单击左后片的袖窿底点，鼠标沿侧缝线滑动时长度数值也随之变化，可根据数值单击确定结束点。也可在线上单击右键，在弹出的对话框中输入尺寸确定结束点（图2-87），要注意缝合方向的一致。采用同样方法设定好省道开口以下侧缝线和右侧缝线的缝合（图2-88）。

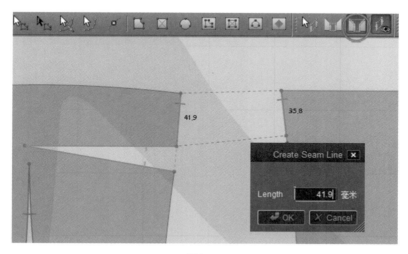

图2-87

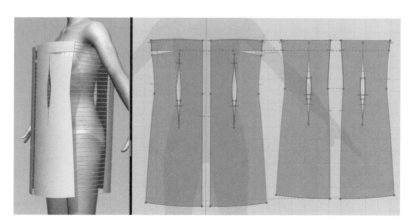

图2-88

步骤3：编辑缝合线。选择【编辑缝合线】工具，单击需要调整的缝合线的端点，按住左键拖动到调整位置后松开鼠标。如果缝合方向设反了，用该工具选中已设定的缝合线段，单击右键，在弹出的菜单中选择【反转缝合线】。选中缝合线后，按【Delete】键可删除。

步骤4：虚拟试衣。单击【模拟】工具（快捷键【空格键】），进行虚拟缝制和试穿（图2-89），再次单击或按【空格键】则停止模拟。将【服装】菜单下的【显示缝合线】（快捷键【Shift+S】）选项关闭，可隐藏缝合线（图2-90）。在模拟状态下，可用鼠标拖拽衣服的局部来调整穿着状态；按住【W】键拖拽衣服时，可将衣服固定在某个位置，起到用针【Pin】固定位置的作用，如要删除定位针，可选中定位针或衣片，在右键弹出菜单中选择相应的删除命令，对比礼服裙缝合时使用定位针与删除定位针的不同效果（图2-91）。

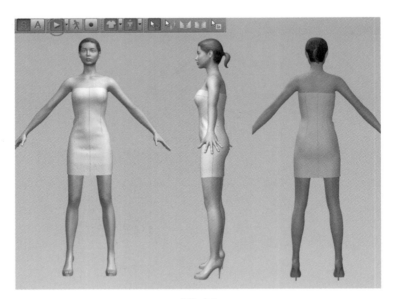

图2-89

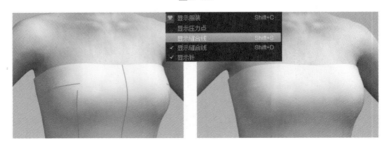

图2-90

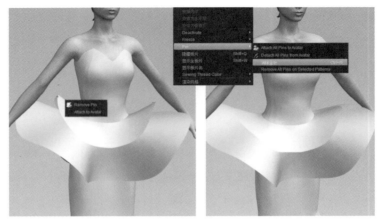

图2-91

步骤5：调整粒子距离。粒子距离表示构成衣片的网格点之间的平均距离，其大小直接影响模拟服装的速度和品质。以多层塔裙为例，先在系统默认的【粒子距离】（20毫米）下进行各种设定和虚拟缝合，以提高设计的速度。全部完成后，选择所有衣片，修改【属性窗口】的【粒子距离】值为5毫米，再对塔裙进行模拟,可以看到减小粒子距离后的模拟效果更为细腻逼真（图2-92）。

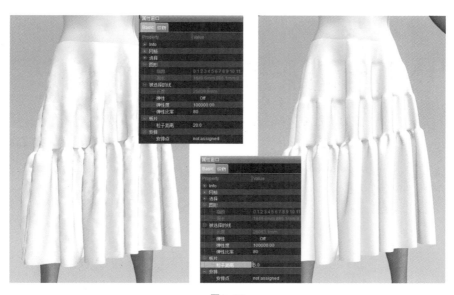

图2-92

三、CLO3D面料处理

1. 面料颜色设置

颜色设置：选择衣片后，在【属性窗口】中的【织物】标签页下点击【Color】选项栏右侧的按钮，在弹出的【Select Color】对话框中选择颜色（图2-93），还可以调整【Ambient Intensity】环境光强度、【Diffuse Intensity】漫反射光强度，可以改变

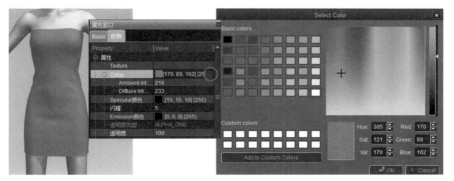

图2-93

颜色的明暗及阴影效果（图2-94）。调节衣片【Specular颜色】镜面光的颜色值可模拟反光面料的效果（图2-95），调节衣片【Emission颜色】辐射光的颜色值可以改变整体色光并模拟发光面料的效果（图2-96）。

调整透明度：选择衣片后，在【属性窗口】中的【织物】标签页下调整【透明度】的数值可以得到不同的透明效果（图2-97）。系统透明度的默认值是100，为不透明。

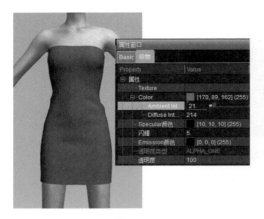

图2-94

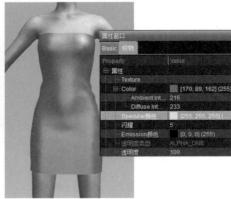

图2-95

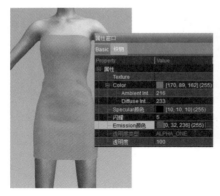

图2-96

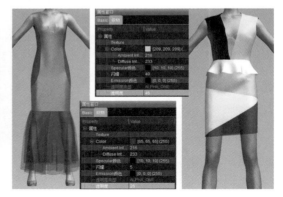

图2-97

2. 面料纹理设置

置入面料：置入面料有两种方法。方法一是打开一个包含面料图像的文件夹，然后将面料图像直接拖放到【板片窗口】或【虚拟化身窗口】的衣片上。方法二是先选中衣片，然后在【属性窗口】中的【织物】标签页下点击【Texture】选项栏右侧的按钮，在弹出的对话框中选择面料文件（图2-98）。

编辑纹理：用【编辑纹理】工具选择已置入面料的衣片，会出现一个编辑纹理的圆形虚线框，直接拖动纹理可移动其位置，在圆形控制点处拖动可放缩纹理（图2-99），沿着圆形拖动可改变纹理的角度，也可以通过修改【属性窗口】下的【纹理变换信息】

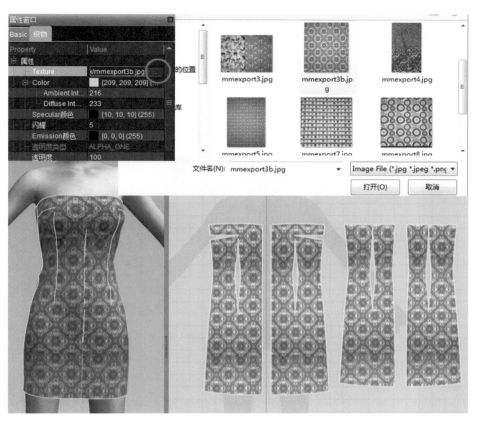

图2-98

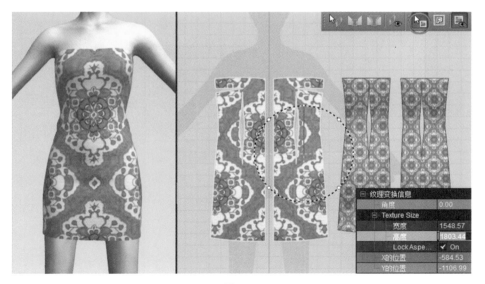

图2-99

中的各项参数实现上述变化（图2-100）。用【编辑纹理】工具或【编辑板片】工具在衣片上单击右键，在弹出的菜单上选择【消除纹理】即可删除纹理。

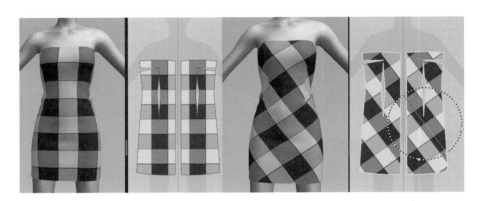

图2-100

制作打印覆盖图：点击【制作打印覆盖图】工具，在弹出的【打开文件】对话框中选择要插入的图案文件后单击【打开】按钮。再在衣片上单击左键，在弹出的【创造打印纹理】对话框中输入图案的尺寸，确定后完成图案的插入（图2-101）。可用【编辑板片】工具或【编辑纹理】工具移动图案的位置，在衣片轮廓线外的图案不显示在试衣模特上。一个衣片可以插入多个盖印图案，常用在模拟局部印花、绣花或标牌等。同样可用【编辑纹理】工具或【传输板片】工具对图案进行放缩、旋转处理，选中图案后按【Delete】键可删除。

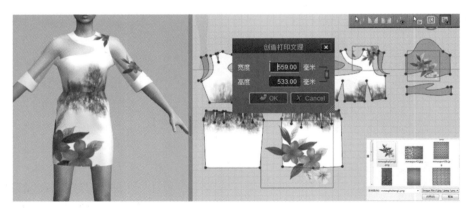

图2-101

3. 设置面料物理属性

面料预设值：系统预先定义了一组面料的物理属性值，以方便用户选择相近的面料类别，快速实现着装效果模拟。先选择衣片，然后在【属性窗口】中的【织物】标签页下，点击【物理属性】的【预设】选项栏右侧的箭头，在弹出的对话框中选择面料种类

（图2-102）。图中衣身和裙片选择了【R_Jersey_20'，S_Single_CLO_V1】20支运动装面料，荷叶边和拼贴片选择了【R_Chiffon_CLO_V1】雪纺面料，同时要调节面料的颜色与透明度，模拟出两种面料质感的对比效果。

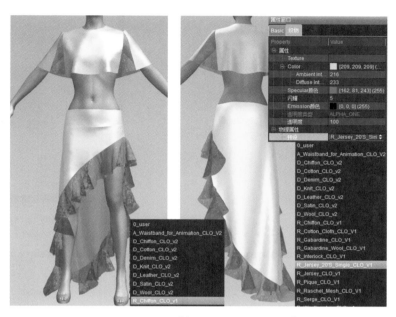

图2-102

调节面料参数：除了直接选用系统的预设面料外，还可以通过调节面料【物理属性】的【细节】下的各项参数值，获得需要的面料特性。物理属性主要包括【强度-纬线】【强度-曲线】【修剪】【Bending】【Bucking】【密度】【Friction Coefficient】【Pressure】【厚度】等，这些细部属性相互间会产生影响，需在选定衣片后分别调节不同的细部属性值，从而得到服装材料的综合特征（图2-103）。图中展示了不同硬度、悬垂感的透明纱质裙片的对比效果及对应的参数设定。

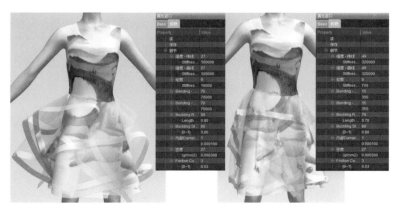

图2-103

四、AI几何图案设计

1. 复制对称衣片

步骤1：准备工作。在AI中打开衣片文件，使用【Ctrl+R】组合键显示标尺，将鼠标指针置于左侧纵向标尺上，按下左键拖动一条垂直参考线到右前片中心线处，在【图层】面板上将参考线锁定（图2-104），确定【视图】菜单下的【智能参考线】功能已开启。

步骤2：镜像复制。用【选择工具】框选右半身衣片（快捷键【Ctrl+A】），单击【镜像工具】，按下【Alt】键在参考线上单击，会弹出【镜像】对话框，选中【垂直】单选按钮，单击【复制】按钮（图2-105），复制出左前片（图2-106）。

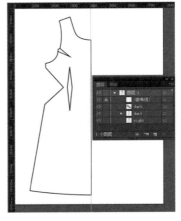

图2-104

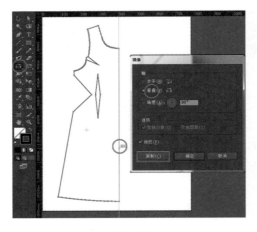

图2-105

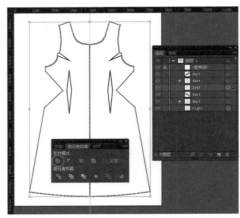

图2-106

步骤3：合并左、右衣片。用【选择工具】在空白处单击，取消选择。接着按下【Shift】键，单击左、右衣片的轮廓线（或在【图层】面板上进行选择），在【路径查找器】面板上单击【联集】选项，将左、右衣片合并为一个整片（图2-107），双击【图层】面板上的路径名称，对其重新命名。

步骤4：复制全片。选中衣片轮廓，按下【Ctrl+C】组合键进行复制，再按下【Ctrl+F】组合键粘贴在前面。在【图层】面板上单击【创建新图层】按钮，新建图层2。然后将衣片副本拖动至图层2中，并锁定图层1（图2-108）。

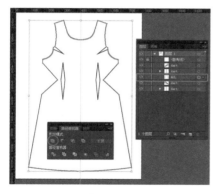

图2-107   图2-108

2. 色彩图案设计

步骤1：填色并复制衣片。选中衣片后，直接单击【色板】中的色块即可填充颜色，也可以单击【工具箱】中或【属性栏】上的【填色】按钮来填充颜色（图2-109），切换到【描边】按钮，可对轮廓线设定颜色和粗细。在【图层】面板上，按下鼠标左键拖动衣片图层至【创建新图层】按钮上，得到衣片副本，填充新颜色，然后将下层衣片锁定（图2-110）。

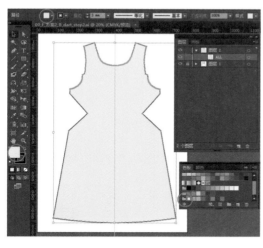
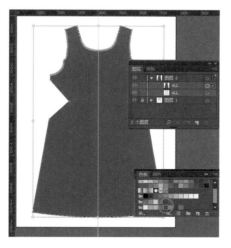

图2-109   图2-110

步骤2：从衣片副本修改造型。使用【套索工具】围绕衣片副本路径拖动鼠标，圈选要去除的部分，按下【Delete】键删除所选路径。选用【直接选择工具】，选中路径上的锚点进行修改。调整完成后，用【套索工具】选中该路径的起点和终点，点击【属性栏】上的【连接所选终点】按钮（或在右键弹出菜单中选【连接】命令），使修改后的路径构成封闭型（图2-111），将描边色设为【无】，然后将该形状锁定。

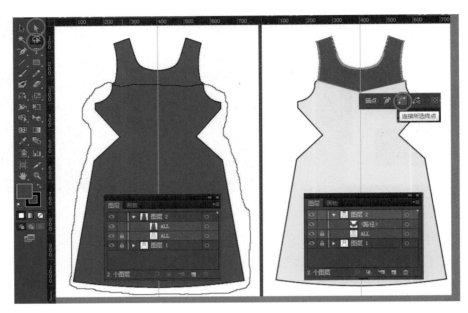

图2-111

提示 与用【钢笔工具】绘制比较，在复制的原形状上进行修改可快速获得精准的造型，也提高了设计的效率。

步骤3：设计其他几何形。以胸部几何形为例，选用【钢笔工具】，在参考线上单击确定起点，移动到下一点单击画出直线段。画曲线时，在下一点按下鼠标左键拖动，会拖出控制手柄以调整曲线的弧度和长度。由平滑曲线转换为直线段或角点曲线时，要将光标放在当前转折点上，当光标变成【转换锚点工具】状态时，单击转折点会使后侧控制手柄消失，可继续绘制直线段或角点曲线，最后一点与起始点重合完成封闭的几何形（图2-112）。用镜像复制的方法复制胸部左侧的几何形，再完成全部几何块面的设计，所有内部形状的描边色设为【无】（图2-113）。

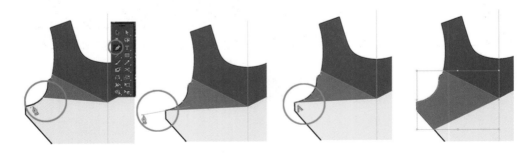

图2-112

图2-113

步骤4：叠加条纹图案。新建图层3，将图层2锁定。用【直线段工具】按下
【Shift】键拖动鼠标画出水平直线，在【属性栏】上设定线条的粗细和描边颜色，采用
同样方法绘出肩部的其他条纹（图2-114）。选中肩部条纹按【Ctrl+G】组合键成组，
按下【Alt】键，拖动复制第二组条纹，用【镜像工具】水平翻转，再拖动定界框上的
控制点进行放缩，将其移动到下摆处。用【编组选择工具】可以从已成组的条纹中选择
单一条纹，变换描边颜色（图2-115）。

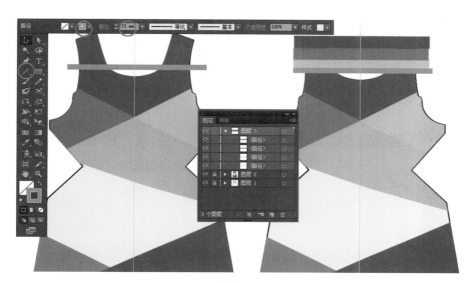

图2-114

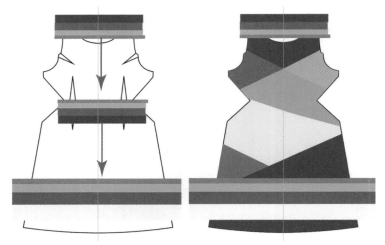

图2-115

步骤5：条纹变形。选中下摆已成组的条纹，在右键弹出菜单中选择【取消编组】（快捷键【Shift+Ctrl+G】），然后单选最下方的条纹，在【对象】菜单下【封套扭曲】项中选择【用变形建立】命令，在弹出的【变形选项】对话框中，选择【下弧形】样式，调节【水平】方向的弯曲度，使其与下摆的曲度吻合。采用同样方法将其余条纹变形，调整好位置后再次成组（图2-116）。

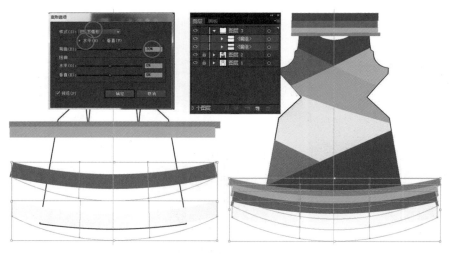

图2-116

步骤6：衣片与条纹建立剪切蒙版。复制图层1中的衣片轮廓，在【图层】面板上将衣片副本拖动至图层3中并置于顶层（快捷键【Shift+Ctrl+]】），然后将顶层衣片和两组条纹全部选中，在右键弹出菜单中选择【建立剪切蒙版】（快捷键【Ctrl+7】），将超出衣片轮廓以外的条纹隐去，完成全部设计（图2-117）。后片的设计同前片。

图2-117

　　步骤7：三维虚拟试衣。在CLO3D中打开衣服文件，将布局好的图案置入三维系统的衣片中，可以从不同的角度观察色彩搭配及图案布局的效果，还能够通过虚拟试衣及时发现问题并避免（图2-118）。从图中看到，省道位置处两侧色块对接不平顺，需要修改裁片的图案布局。

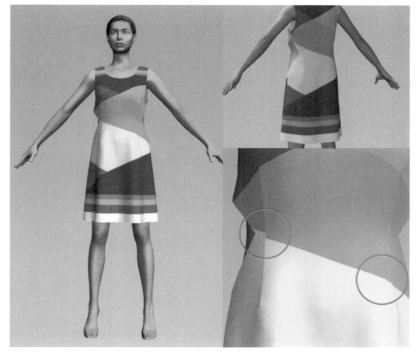

图2-118

步骤8：修改裁片的图案布局。复制图层1中的省道，在【图层】面板上将衣片副本拖动至图层3中并置于顶层（快捷键【Shift+Ctrl+]】）。将鼠标指针置于横向标尺上，按下左键拖动水平参考线到省道一侧的色块分界点处。选用【添加锚点工具】在路径上单击添加锚点，用【直接选择工具】对锚点进行修改，使省道两边的对接点位于水平参考线上（图2-119）。将修改后的图案再次置入三维系统的衣片中，对设计效果进行最终确认（图2-120）。

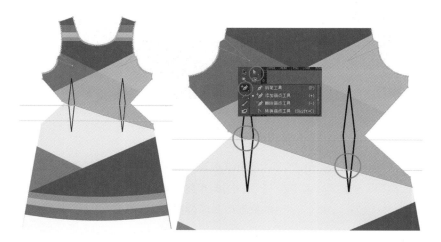

图2-119

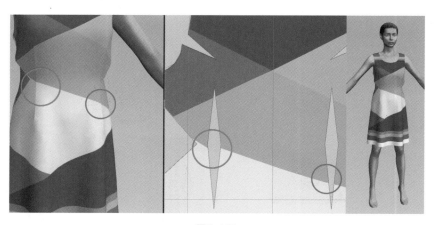

图2-120

五、Painter画笔应用

1. 克隆画笔应用

步骤1：重设克隆素材图片的分辨率和大小。在Painter中打开高清的素材照片，点击【画布】菜单下的【重设大小】命令，在弹出的【调整大小】面板中设定【分辨率】

为300PPI（像素/英寸），依据衣片的尺寸调整【高度】和【宽度】数值，不选【限制文件大小】选项，确定后完成调整（图2-121）。

图2-121

步骤2：载入衣片。在【画布】菜单的【旋转画布】项中，选择【垂直翻转】命令，将图片上下翻转使花枝的方向朝下。打开相同分辨率的衣片文件，将裙片图层复制后粘贴到已调整好的素材文件中，用【图层调整】工具移动到合适位置（图2-122）。

图2-122

步骤3：建立仿制操作文件。点击【文件】菜单下的【快速克隆】命令，会克隆出同样的图片文件，画面以50%的灰度显示（图2-123）。点击克隆文件右上角的【切换描图纸】按钮，隐藏源素材图像，显示空白的画布，再次点击又恢复显示。在克隆过程中源图像文件不能关闭。

图2-123

步骤4：选择和调试笔刷。在Painter工作区右上角的【画笔选项栏】中，有多种笔刷类别和笔刷变体。点击【笔刷类别】的向下三角按钮，选择【克隆笔】画刷，再点击【笔刷变体】的向下三角按钮，选择【印象派克隆笔】变体。通过调节当前笔刷在【属性栏】中的参数值，如【大小】、【浓度】、【渗出】和【抖动】，得到不同的绘画效果（图2-124）。在绘制中按下【Ctrl+Z】组合键可撤销当前的操作，且支持多次撤销。

提示 在【编辑】菜单的【预置】命令中，点击【撤销】选项，在弹出的【预置】面板中可设定撤销的次数，默认撤销次数为32次，该项操作设置的次数为在Painter中所有打开文件撤销次数的总和。

步骤5：绘制裙身图案。点击【图层】面板底部的【新建图层】按钮建新图层，在新建图层上用印象派克隆笔触刷出裙身上的图案，笔触效果会随着运笔的方向、力度、速度等变化而改变。如果没有重新设置颜色，克隆笔刷使用当前克隆源图像的颜色进行绘制，且【颜色】面板呈现灰色。如果没有克隆源，该笔刷使用【工具栏】上【图案选择】器中的纹样颜色。可随时点击【切换描图纸】按钮，隐藏素材图片，便于观察绘画效果（图2-125）。

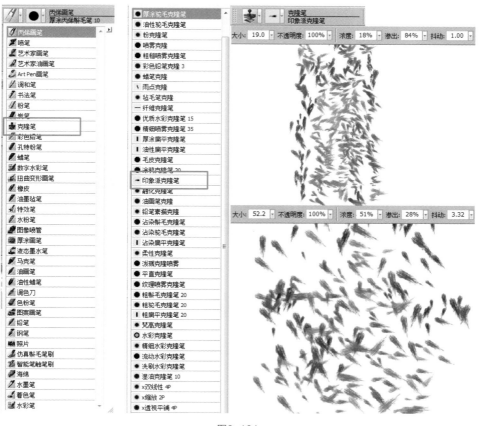

图2-124

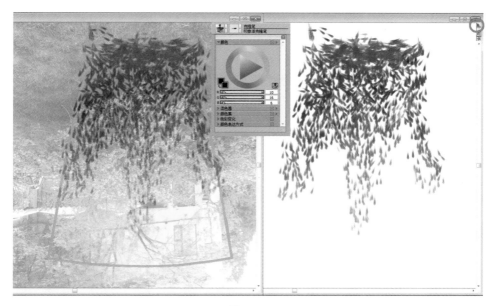

图2-125

步骤6：增加颜色层次。点击【颜色】面板上的【克隆颜色】按钮，恢复为色板颜色。选定新颜色后，打开【颜色集】面板栏右侧的扩展按钮，在弹出的扩展菜单上选择【新建空颜色集】命令，清空原有的颜色。点击【颜色集】面板底部的【添加颜色到颜色集】按钮，即可将选定的颜色记录在面板上，以方便选用，扩展菜单中的【存储颜色集】命令可将其保存。新建图层，根据画面的色调关系，添加不同明暗层次的笔触，注意笔触的疏密和大小（图2-126）。

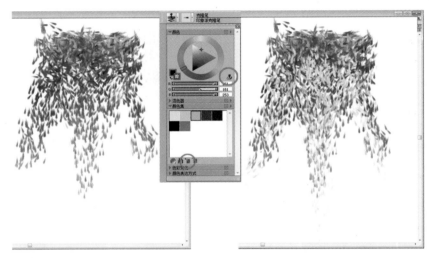

图2-126

步骤7：修剪裁片。在【图层】面板上，按下【Shift】键选中全部笔刷图层，点击【图层】面板底部【图层命令】下的【折叠】选项，合并笔刷图层。选用【魔棒工具】在裙片图层的轮廓线外单击，选中裙片轮廓线外的区域，再回到笔刷图层，按下【Ctrl+X】组合键清剪裙片外的图形（图2-127）。上身衣片的设计方法相同。

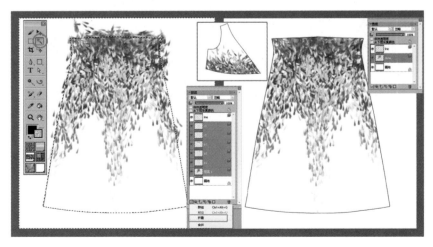

图2-127

步骤8：三维虚拟试衣。在CLO3D中打开衣服文件，将布局好的图案置入三维系统的衣片中，可看到色彩搭配和装饰图案的布局效果（图2-128）。还可选用不同的素材图片设计其他方案（图2-129）。如果分辨率为300PPI的1：1裁片文件过大，在3D试衣软件中无法显示，可调低分辨率，另存为JPEG格式，压缩后的文件就可在3D试衣软件中正常显示。

图2-128

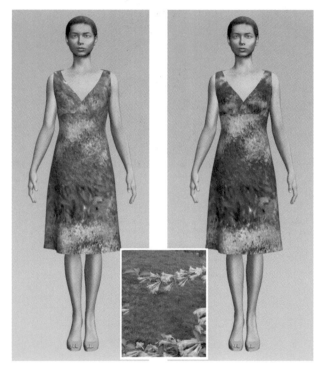

图2-129

2. 画笔综合应用

步骤1：创建颜色集。Painter提供了四种自动创建颜色集的方法，分别是【从图像获得新颜色集】、【从图层获得新颜色集】、【从选区获得新颜色集】和【从混色器获得新颜色集】（点击【颜色集】面板栏右侧的扩展按钮）。另外可用【吸管工具】在图中采样或从【色板】中选定颜色，然后逐一添加到【颜色集】面板中（图2-130）。

步骤2：调试和创建自定义笔刷。点击【笔刷类别】的向下三角按钮，选择【仿真鬃毛笔刷】，再点击【笔刷变体】的向下三角按钮，选择【仿真扇形软笔】变体。按下【Ctrl+B】组合键打开【画笔创建器】，可以基于现有的Painter画笔进行创建（图2-131）。在【笔触设计器】标签页的【大小】子面板下，选择【锐状排笔笔头】，增大【特征】值改变笔刷的疏密程度。在【仿真鬃毛】子面板下调节笔触的各参数值，完成自定义画笔的创建（图2-132）。在【画笔选项栏】的扩展菜单中选择【保存变量】

可存储笔刷变量。该画笔除了自身具有笔触的混色效果外，还能设定不同的混色方式。可以在【混色器】面板上，用【取样多重工具】从调色盘上蘸取多种颜色。还可以在【色彩变化】面板中选择【以颜色集】混色或【以渐变】混色（图2-133）。

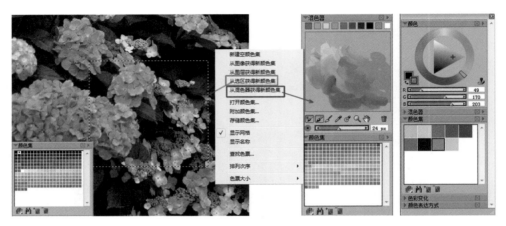

图2-130

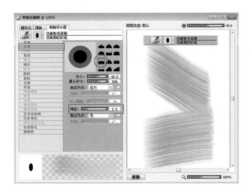

图2-131

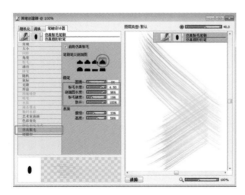

图2-132

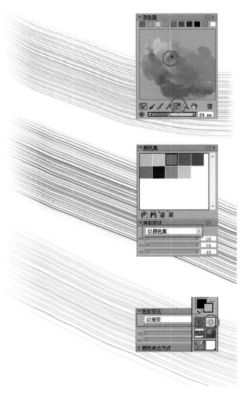

图2-133

步骤3：自定义绘画面板。为了设计时方便选用画笔及素材，可把常用的笔刷变体集中放置在桌面的自定义面板中。从【画笔选项栏】上拖动画笔图标到界面中，会即刻产生一个自定义的新面板。可以将常用的笔刷变体和纸张样本、图案样本等素材直接拖动并放置到自定义面板上，按下【Shift+Ctrl】组合键拖动笔刷图标，可进行图标位置的调整或移出面板。在【窗口】菜单的【自定面板】命令中，点击【面板】选项，在弹出的面板中可对自定义面板命名（图2-134）。

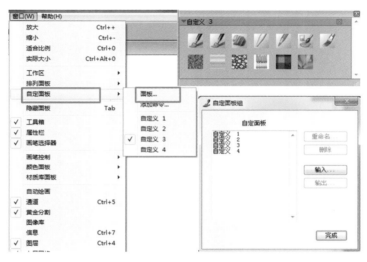

图2-134

步骤4：填充裤片底色。在Painter中打开裤片文件（分辨率300PPI），选用【魔棒工具】在裤片图层的轮廓线内点击，生成选区。点击【图层】面板底部的【创建新图层】按钮，选用【油漆桶工具】，把【属性栏】中【填充】选项设定为【当前颜色】，在新建图层上填充底色（图2-135）。

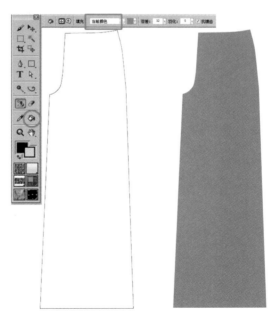

图2-135

步骤5：绘制裤片多层次笔触。选择自定义的仿真鬃毛扇形软笔，在不同图层上绘制不同颜色的笔刷效果，运笔的轻重、方向、速度不同能产生多种变化（图2-136）。在【色彩变化】面板中选择【以颜色集】混色，刷出多重颜色的调和笔触。交错使用【仿真鬃毛笔刷】中的【仿真扇形软笔】和【仿真油性沾染】变体，刷出顶层的深色笔触（图2-137）。

图2-136

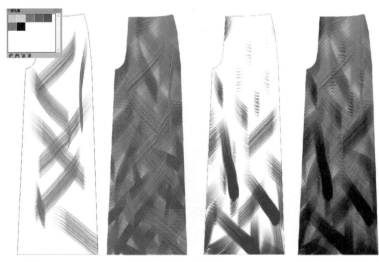

图2-137

步骤6：添加纹理特效。在【图层】面板上，按下【Shift】键选中全部笔刷和底色图层，点击【图层】面板底部【图层命令】下的【折叠】选项，合并图层。在【效果】菜单的【表面控制】项中，点击【应用表面纹理】命令，在弹出面板的【使用】下拉列表中，选择【纸纹】并调节其他参数，完成纹理特效。该纸纹使用【工具栏】上【纸纹选择】器列表中的【织物纹理纸纹】（图2-138）。

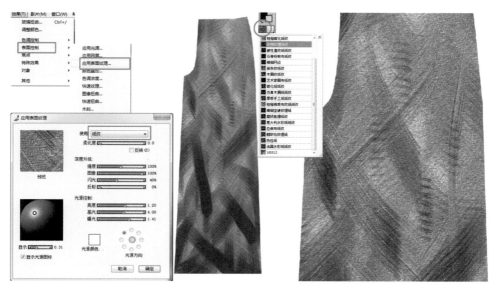

图2-138

步骤7：填充衣片底色。在Painter中打开衣片文件（分辨率300PPI），选用【魔棒工具】在衣片图层的轮廓线内点击，生成选区。点击【工具栏】上渐变样本，打开【渐变选择】器，再单击选择器右上角的扩展按钮，在弹出的扩展菜单中选择【启动面板】命令，打开【渐变】面板。单击【渐变】面板栏右侧的扩展按钮，在弹出的扩展菜单上选择【编辑渐变】命令，在打开的【编辑渐变】面板上定义新的渐变色。选用【油漆桶工具】，把【属性栏】中【填充】选项设定为【渐变】，在新建图层上填充渐变底色（图2-139）。

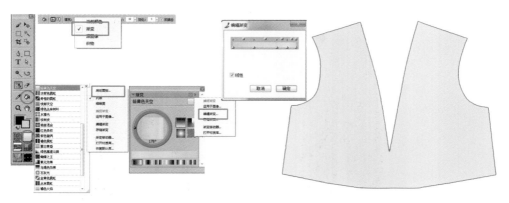

图2-139

步骤8：绘制上身衣片的笔触。选择【水彩笔】中的【泼溅水彩】变体，绘制时会自动创建水彩图层（蓝色水滴图标），选用不同颜色绘制出透明的多彩圆点，笔触边缘呈现类似传统水彩画般平滑扩散的淡彩效果（图2-140）。

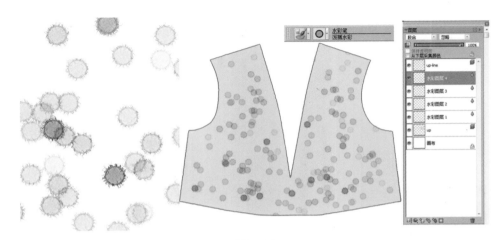

图2-140

步骤9：三维虚拟试衣。在CLO3D中打开衣服文件，将布局好的图案置入三维系统的衣片中，可以看到色彩搭配和装饰图案的布局效果（图2-141）。

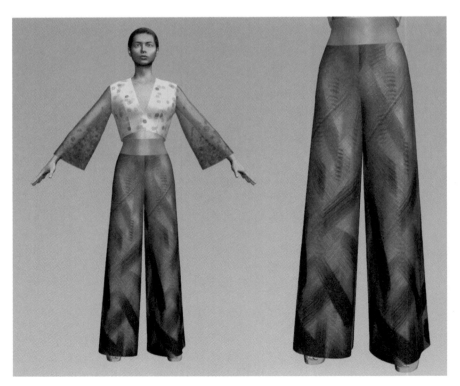

图2-141

Part3
第三章

图案布局

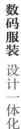

图案布局是以花卉、格纹、条纹等经典元素为纹样素材，结合点状构成、线状构成、面状构成、综合构成等装饰形式，针对特定的服装款式运用数码设计手段，快速、高效地实现多种布局方案的变化，充分展现了数码设计在服饰产品创新中的突出优势。

第一节　花卉主题服装数码设计

一、创意分析

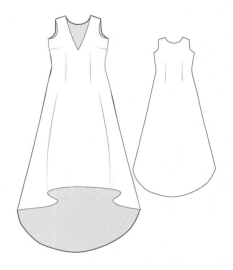

作品灵感来自于田园花朵（图3-1）。方案构思：造型采用A型轮廓，深V领口，前后不对称的及地裙摆与散落的花朵营造出极强的流动感，柔美又富于活力。色彩纷呈的花卉图案尺寸大小不一，既有四方连续的满铺形式，又有散点、堆积、渐变、层叠、分割、正负形、混搭等多种变化，透射出活泼、潇洒的青春活力，呈现在眼前的是一幅幅花朵盛开的田园景色。

图3-1

二、设计流程与技法要点

1. 流程概览（图3-2）

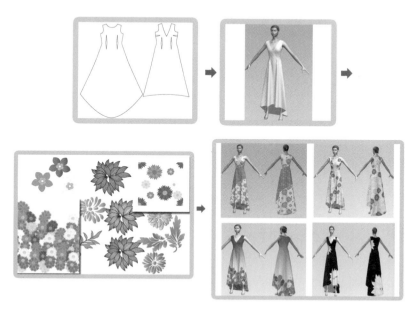

图3-2

2. 技法要点

- AI散点画笔创建与应用。
- AI成组颜色变换。
- 四方连续图案设计。
- AI符号创建与应用。
- 图案随机布局与剪切蒙版建立。

三、板型设计与三维虚拟试衣

1. 板型设计

整体廓型采用A型，略提升腰线以加长下半身的裙长，更显修长感，深V领口与前下摆的底边弧线形成对比和呼应，前后不对称的及地裙摆与散落的花朵共同营造出极强的流动感，在CAD打板软件中直接绘制样板（图3-3）。将CAD打板文件【输出ASTM文件】，存为DXF格式文件，为后续图案设计使用。

图3-3

2. 三维虚拟试衣与板型调整

步骤1：在CLO3D中先调节试衣模特的尺寸，再导入DXF格式衣片文件。点击【显示安排点】工具，将衣片安排在虚拟模特的周边，要使衣片呈现平面状态，可选中【虚拟化身窗口】的衣片，单击右键，在弹出菜单中选择【安排为平】即可（图3-4）。

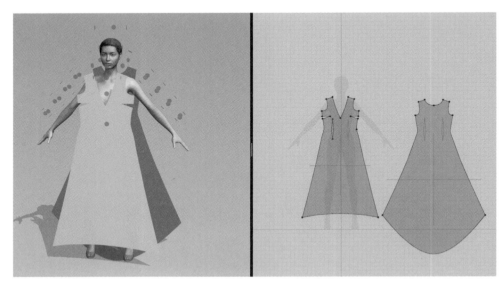

图3-4

步骤2：将省道转换为孔洞。在【板片窗口】点击【创造内部图形/线】工具，在衣片内部沿着省道描画,最后一点要与起始点重合构成封闭图形，按住【Ctrl】键可画曲线。点击【编辑板片】工具，选中省道内部图形，单击右键，在弹出菜单中选择【Convert to Hole】将省道转换为孔洞，点击【同步】按钮，实时显示挖空的省道（图3-5）。

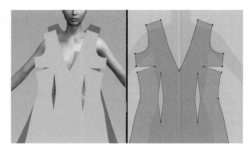

图3-5

步骤3：沿用第二章第一节介绍的方法、设定衣片的缝合线、调节面料参数，完成三维虚拟试衣（图3-6）。

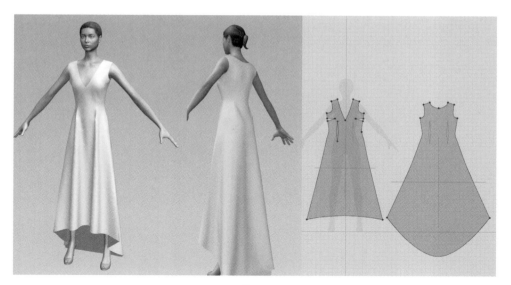

图3-6

步骤4：全方位观察三维虚拟试衣的效果，结合造型的风格适当调整板型，点击【同步】按钮，使变化后的效果实时显示在【虚拟化身窗口】中，直至最终确定。修改后的板型还要在CLO3D中再次导出为DXF格式的文件，并更新原有的衣片文件。

四、花卉单元设计与四方连续图案设计

1. 花卉单元设计

步骤1：在AI中新建文件，使用【Ctrl+R】组合键显示标尺，分别从横、纵标尺上拖动"参考线"到画面中心并锁定。选用【钢笔工具】，画出一片花瓣，填色无描边；选中花瓣，单击【旋转工具】，按下【Alt】键，拖动旋转中心参考点到两条参考线的交叉点上松开，会弹出【旋转】对话框，输入旋转角度数值，单击【复制】按钮，完成花瓣的旋转复制；连续使用【Ctrl+D】组合键再次变换，完成其余花瓣的复制（图3-7）。

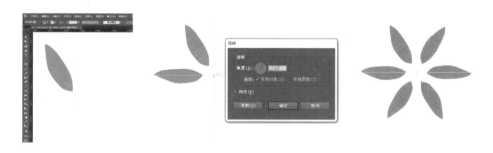

图3-7

步骤2：将第一层花瓣全选后使用【Ctrl+G】组合键成组，采用同样方法设计第二层、第三层花瓣，填充颜色形成梯度变化（图3-8）。

图3-8

步骤3：设计花蕊。选用【椭圆工具】，同时按下【Alt】和【Shift】键，从两条参考线的交叉点处拖动，画出花心的底圆，填色无描边；继续随机地画出若干不同颜色的小圆模拟花蕊，组成一组拖到【画笔】面板中创建【散点画笔】；选用【画笔工具】和新创建的【散点画笔】，完成花蕊设计（图3-9）。

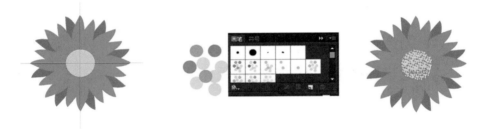

图3-9

步骤4：将整个花朵单元选中，点击【色板】底部【新建颜色组】按钮，在弹出的【新建颜色组】面板中输入名称，单击【确定】按钮，整朵花的颜色存入色板颜色组中（图3-10）。

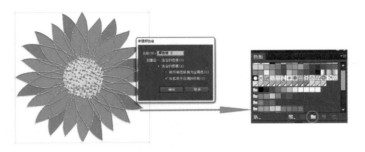

图3-10

步骤5：选中花朵，按下【Alt】键，拖动复制第二朵花，点击【颜色参考】面板底部【编辑或应用颜色】按钮，在弹出的【重新着色图稿】面板中指定新颜色组，复制的花朵即刻变换为新的一组色调，单击【确定】按钮，完成整朵花的颜色变换（图3-11）。

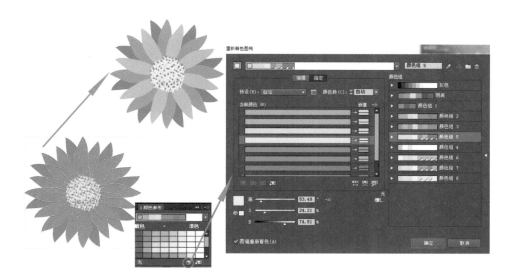

图3-11

步骤6：使用【重新着色图稿】面板中【编辑】选项卡可以创建新颜色组或编辑现有颜色组，色轮将显示颜色在色彩协调中是如何关联的（图3-12）。

图3-12

步骤7：采用同样方法可快速变换出不同色调的花朵，继续设计不同的花卉元素，为组合设计准备更多元素，使设计效果更为丰富（图3-13）。

图3-13

2. 四方连续图案设计

步骤1：使用【选择工具】选取不同花朵，调节其大小和排布位置构成一个单位纹样。如果组成花纹的多个元素都位于一个循环单元内，相互没有穿插，则可直接拖动至【色板】面板中，再选中衣片填充图案即可。

步骤2：使用【选择工具】选中单位纹样，选择菜单【对象】下的【图案】项中的【建立】命令，弹出【图案选项】面板进入图案编辑模式，可对图案的拼贴类型、叠加方式、拼贴空隙大小等进行设置，设定完成选择面板上部的【完成】，退出图案编辑模式，图案已存入【色板】库中（图3-14）。

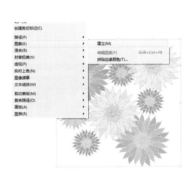
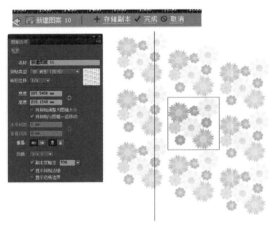

图3-14

步骤3：使用【选择工具】选中衣片，再点击【色板】库中的图案完成填充（图3-15）。

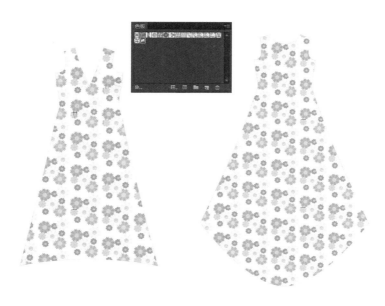

图3-15

步骤4：使用【选择工具】选中衣片，双击【比例缩放工具】，在弹出【比例缩放】面板中设定放缩的数值，仅勾选【变换图案】选项，确定后完成图案大小的变换（图3-16）。

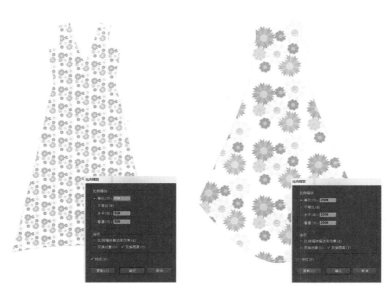

图3-16

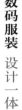

步骤5：保存AI格式文件以方便修改，可另存为TIFF格式文件用于数码印花（分辨率300PPI）。如果1：1的裁片文件过大，在3D试衣软件中无法显示，需另存为JPEG格式（分辨率72PPI）的压缩文件。

步骤6：在CLO3D中打开前面保存的衣服文件，选中衣片，选择已设计好的图案文件，可直接观察图案的布局效果（图3-17）。

图3-17

步骤7：组成花纹的多个元素在一个循环单元中相互有穿插时，使用【矩形工具】画出循环单元的边界，不填色且置于图案单元顶层，然后对循环单元中上、下、左、右四个方位的穿插元素进行同方位复制。选中要复制的元素，双击【选择工具】，在弹出【移动】面板中设定移动的数值，选择【复制】后完成同方位复制。将循环单元的边界矩形和图案单元一起选中，在【路径查找器】面板中选择【裁剪】，再拖动至【色板】面板中，选中衣片填充图案即可（图3-18）。

图3-18

五、图案布局变化与三维展示

　　方案1：色彩渐变与花卉堆叠。选取不同的花朵，调节其大小和排布位置构成一个单位纹样，直接拖动至【符号】面板中创建符号图案。使用【符号喷枪工具】在衣片上喷涂花卉，形成图案堆叠的效果，再选择符号组的其他工具进行调整。复制衣片置顶，与喷涂的花卉一并选中，单击右键。在弹出的面板中选择【建立剪切蒙版】，完成花卉的布局（图3-19）。

　　复制衣片填充渐变色，再与花卉层融合。进入3D试衣，置入图案，观察和调整布局效果（图3-20）。

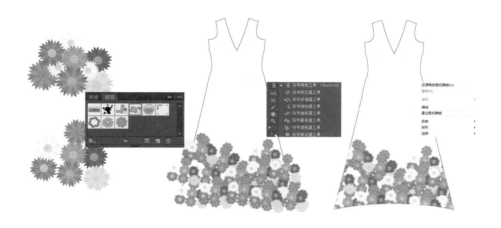

图3-19

图3-20

　　方案2：随机排布超饱和的红色花卉，整体呈流动的曲线，复制衣片置顶，与红色的花卉一并选中，单击右键，在弹出的面板中选择【建立剪切蒙版】，与底层满铺的低明度背景花卉形成对比（图3-21）。

图3-21

　　方案3：复制衣片，使用编辑工具将复制的衣片修改成腰部拼贴样式，填充花卉图案，变换颜色使拼贴的图案与底层花卉呈正负形的对比效果（图3-22）。

图3-22

方案4：将腰部拼贴衣片填充与衣片底层不同的花卉图案，使用【比例缩放工具】，调整图案大小，使拼贴图案与底层花卉产生疏密不同的混搭效果（图3-23）。

图3-23

方案5：衣片填充单色，将单元花卉超比例放大，花瓣的纹理以粗细不同的笔触勾勒，赋予亮色以体现细节，在衣片的肩部、腰部、下摆渐次布局，呈现醒目的构图，提供有彩色（图3-24）和无彩色（图3-25）两种色彩方案。

图3-24

图3-25

第二节 格纹主题服装数码设计

一、创意分析

作品灵感来自于经典格纹图案。方案构思：造型采用A型简约轮廓，与格纹的秩序感相一致，以突出图案的整体效果。运用数码设计手段将经典的棋盘格、菱形格、千鸟格重新演绎，既有满铺的连续形式，又有点状、线状、面状不同的布局变化，同时在色相、明度、纯度上对应调节，匹配呼应，使经典格纹呈现出形式多样、色彩丰富的样貌，服装整体既有变化又统一协调，更具时尚感（图3-26）。

图3-26

二、设计流程与技法要点

1. 流程概览（图3-27）

图3-27

数码服装 设计一体化

2．技法要点

- AI几何纹样的编辑创建。
- 千鸟格连续图案设计与成组颜色变换。
- AI应用封套扭曲对图案变形。
- 图案叠印效果调整。

三、板型设计与三维虚拟试衣

1．板型设计

整体廓型采用小A型，略收腰。在CAD打板软件中直接绘制样板（图3-28）。将CAD打板文件【输出ASTM文件】，存为DXF格式文件，为后续图案设计使用。

2．三维虚拟试衣与板型调整

步骤1：在CLO3D中先调节试衣模特的尺寸，再导入DXF格式的衣片文件。点击【显示安排点】工具，将衣片安排在虚拟模特的周边（图3-29）。

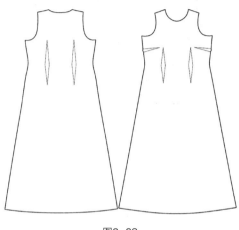

图3-28

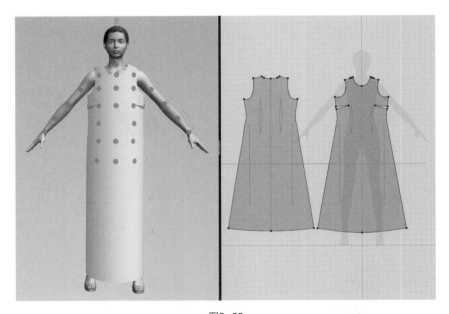

图3-29

步骤2：先将省道转换为孔洞（图3-30）。再沿用第二章第一节介绍的方法，设定衣片的缝合线、调节面料参数，完成三维虚拟试衣（图3-31）。

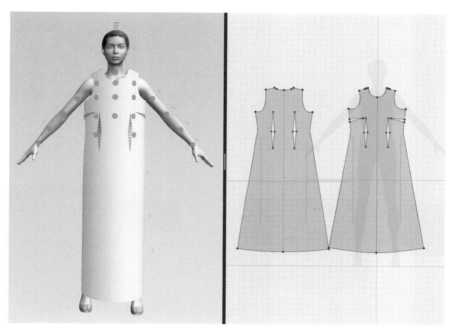

图3-30

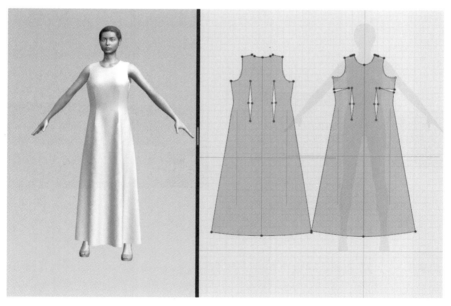

图3-31

步骤3：全方位观察三维虚拟试衣的效果，结合造型风格适当调整板型，点击【同步】按钮，使变化后的效果实时显示在【虚拟化身窗口】中，直至最终确定。修改后的板型还要在CLO3D中再次导出为DXF格式的文件，并更新原有的衣片文件。

四、格纹单元设计与变化

1. 棋盘格单元设计

步骤1：在AI中新建文件，选用【矩形工具】，单击画板，在弹出的【矩形】面板上输入格子的长宽尺寸，单击【确定】按钮，画出单元格，在色板上点击颜色填充；选中单元格，双击【选择工具】，在弹出的【移动】面板上输入【水平】移动数值为格子的宽度尺寸，单击【复制】按钮，复制出并行排列的第二个单元格（图3-32）。

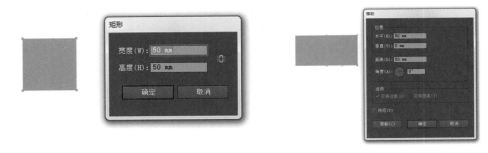

图3-32

步骤2：选中两个单元格，双击【选择工具】，在弹出的【移动】面板上输入【垂直】移动数值为格子的长度尺寸，单击【复制】按钮，复制出另外两个单元格；选中对角两个单元格，填充不同的颜色组成格子的循环单元（图3-33）。

图3-33

步骤3：使用【选择工具】选取格子的循环单元，可直接拖动至【色板】面板中创建图案色板，再选中衣片点击图案填充即可；选中循环单元，按下【Alt】键，拖动复制后变换的颜色，创建第二种配色的格子图案并填充衣片；以同样方法可创建其他色调的格子图案（图3-34）。

图3-34

步骤4：选中衣片，双击【比例缩放工具】，在弹出【比例缩放】面板中设定【等比】放缩的数值，仅勾选【变换图案】选项，确定后完成图案大小的变换（图3-35）。

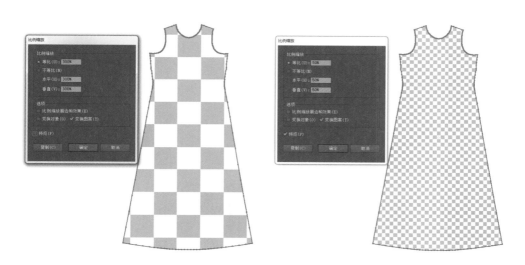

图3-35

步骤5：选中衣片，单击【旋转工具】，在弹出【旋转】面板中，输入旋转【角度】数值，仅勾选【变换图案】选项，确定后完成方格角度的变换；选中衣片，双击【比例缩放工具】，在弹出【比例缩放】面板中设定【不等比】放缩的数值，仅勾选【变换图案】选项，确定后由方格变换成菱形格（图3-36）。

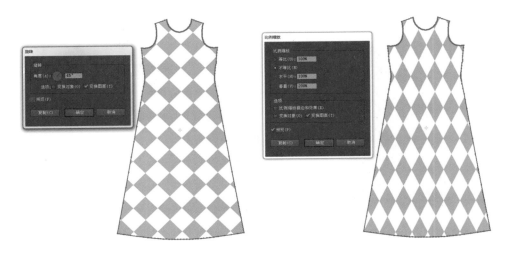

图3-36

2. 菱形格单元设计

步骤1：在AI中新建文件，选用【矩形工具】，采用棋盘格的方法画出正方形后变换为菱形，用【比例缩放工具】复制若干大小不等、配色不同的菱形，套叠组成菱形格单元；使用【选择工具】选取格子的循环单元，可直接拖动至【色板】中创建图案色板，再选中衣片点击图案填充即可（图3-37）。

步骤2：选中菱形格循环单元，按下【Alt】键拖动复制，在【色板库】中选择一种花边作为最下层菱形的描边，调整颜色后，创建第二种配色的格子图案并填充衣片；继续编辑菱形格单元的元素，创建更多的格子图案（图3-38）。

图3-37　　　　　　　　　　　　图3-38

3. 千鸟格单元设计

步骤1：在AI中新建文件，选用【钢笔工具】画出千鸟格图形，填色无描边；选中千鸟格单元，按下【Alt】键拖动复制多个；选用【矩形工具】画出循环单元的边界，不填色无描边且置于图案单元顶层，调整循环单元中千鸟格的位置，将循环单元的边界矩形和图案单元一起选中，在【路径查找器】面板中选择【裁剪】，再拖动至【色板】面板中，创建填充图案（图3-39）。

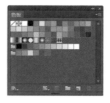

图3-39

步骤2：使用【选择工具】选中千鸟格循环单元，按下【Alt】键，拖动复制第二个单元，点击【颜色参考】面板底部【编辑或应用颜色】按钮，在弹出的【重新着色图稿】面板中指定新颜色组，确定后即刻完成不同配色的变换（图3-40）。

图3-40

五、图案布局变化与三维展示

方案1：棋盘格布局变化设计。在PS中打开满铺格纹的衣片文件，依据布局方案选择相同颜色的色块，复制到新层，填充颜色，移动色块的位置形成视觉凸起的效果，通过S形的布局，使画面产生分割，打破了均一、刻板的满铺形式，使之具有动感和丰富的层次（图3-41）；还可进一步对配色方案和图案的大小进行变换，直观地比较变化效果（图3-42）。

图3-41

图3-42

　　方案2：菱形格布局变化设计。

　　步骤1：在AI中打开满铺格纹的衣片文件，使用【选择工具】选中衣片，选择菜单【对象】下的【扩展】命令，即可将其转变为普通路径对象，可使用右键菜单命令取消编组，然后进行再编辑。

　　步骤2：从腰线将菱形格分成上下两部分，用【钢笔工具】分别勾画出用于格子变形的两个多边形，分别选中上下两部分的多边形与菱形格，选择菜单【对象】下的【封套扭曲】项中【用顶层对象建立】命令，将菱形格扭曲变形，再在PS中将变形后的两部分格纹拼接为整体，腰部接缝处需要修描（图3-43）。

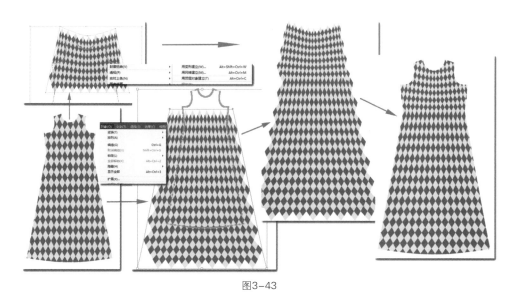

图3-43

　　步骤3：两种色彩变化。其一建立新层填充渐变色，图层混合模式为【正片叠底】；其二从中心分区域选择菱形块，填充同色调明暗不同的颜色，混合后产生色彩推移变化（图3-44）。

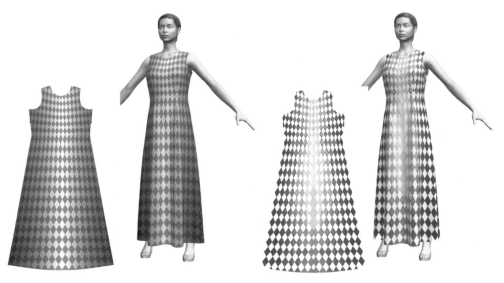

图3-44

步骤4：依据整体布局方案选择不同部位的菱形格进行色彩的填充变化，腰部采用暗色调密集分布以强化收腰效果，裙身下部叠加亮色大尺寸分散布局的菱形格，增添了层次感（图3-45）。

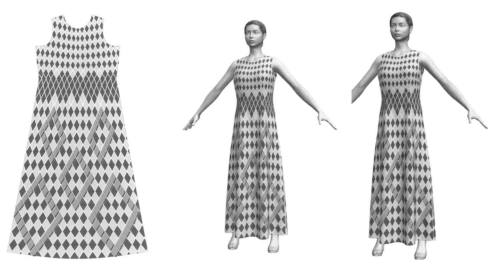

图3-45

方案3：千鸟格布局变化设计。将千鸟格单元放大，填充对比色，进行不对称拼贴，再改变图案的大小进行效果对比（图3-46）。

图3-46

方案4：组合设计。将同色调的花卉与方格叠印组合，花卉在衣片两侧散落布局并调低纯度，格纹采用亮色勾边，与花卉图案形成明度和纯度的对比（图3-47）。

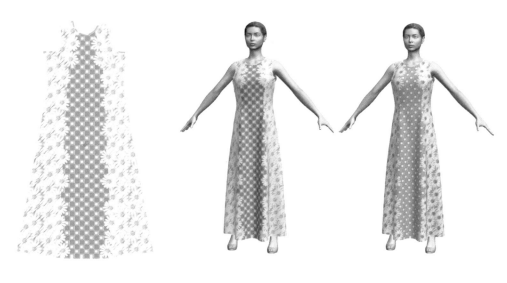

图3-47

第三节　条纹主题服装数码设计

一、创意分析

作品灵感来自于动物纹样。方案构思：整体廓型采用单肩不对称的S修身造型，裁剪上以公主线多片分割，与曲线条纹图案相得益彰。不同走向的线条和相互重叠的线条营造出动感效果，叠加各种动物纹彰显图案的活力。动物纹样搭配深浅不同的底色、渐变色，又在纹样大小、组合形式等进行演变，使传统动物纹样更具视觉冲击力和时代感（图3-48）。

图3-48

二、设计流程与技法要点

1. 流程概览（图3-49）

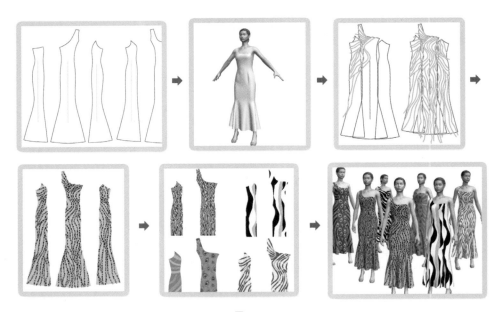

图3-49

2. 技法要点

- AI斑点画笔与条纹造型。
- 条纹布局细化整理。
- 动物纹样与不同底纹叠印。

三、板型设计与三维虚拟试衣

1. 板型设计

单肩不对称的S修身造型，裁剪上以公主线多片分割与曲线条纹图案相协调。在CAD打板软件中直接绘制样板（图3-50）。将CAD打板文件【输出ASTM文件】，存为DXF格式的文件，为后续图案设计和三维试衣使用。

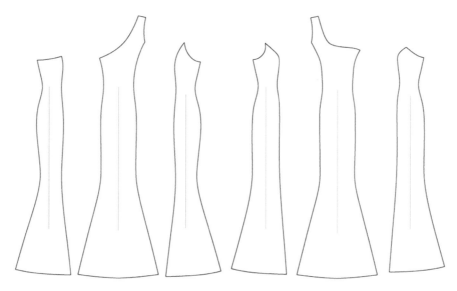

图3-50

2. 三维虚拟试衣与板型调整

步骤1：在CLO3D中先调节试衣模特的尺寸，再导入DXF格式衣片文件。点击【显示安排点】工具，将衣片安排在虚拟模特的周边，沿用第二章第一节介绍的方法，设定衣片的缝合线、调节面料参数（图3-51）。

步骤2：完成三维虚拟试衣。在完成虚拟缝合的裙片抹胸位置，按住【W】键用针【Pin】适当定型，然后观察三维虚拟试衣的效果，结合造型的风格适当调整板型，点击【同步】按钮，使变化后的效果实时显示在【虚拟化身窗口】中，直至最终确定。修改后的板型还要在CLO3D中再次导出为DXF格式的文件，并更新原有的衣片文件（图3-52）。

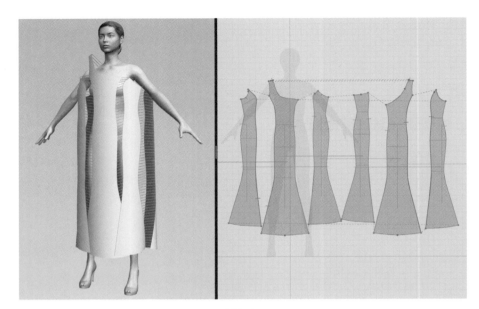

图3-51

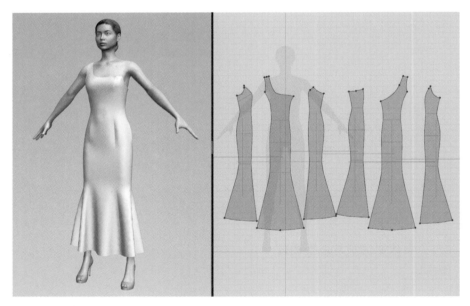

图3-52

四、曲线条纹布局设计

步骤1：在AI中打开衣片文件，将前中片和左、右侧片以腰线为参照并置在一起，方便整体设计衣片的曲线条纹。选用【斑点画笔工具】，按人体的曲度自由地画出条纹造型线。由于【斑点画笔工具】绘制的是【填充形状】，可以与其他具有相同颜色的形状进行合并，实际上绘制的是由面组成的"线"，比用【钢笔工具】更灵活、高效。绘制完成后，隐藏左、右侧片，选中前中片，双击【比例缩放工具】，在弹出【比例缩放】面板中设定【等比】放缩的数值为"100%"，单击【复制】按钮，在原位复制出衣片并置于条纹上层，采用同样方法对整体条纹复制两次备用。选中衣片和条纹，在右键弹出菜单中选择【建立剪切蒙版】，完成前中片的条纹布局设计（图3-53）。

图3-53

步骤2：对右侧片的条纹布局细化整理。除了添加和修改局部条纹外，还要放大图形检查线条连接处是否圆顺，可选用【橡皮擦工具】擦除多出部分。修改完成后，与设计前中片的方法相同，复制衣片与条纹【建立剪切蒙版】（图3-54）。

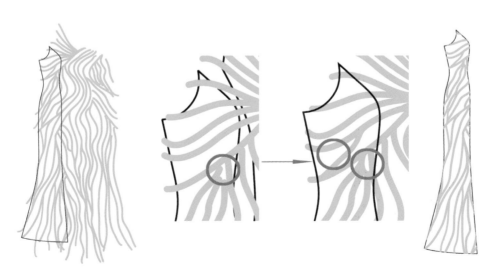

图3-54

步骤3：采用上述方法完成左侧片的条纹布局设计（图3-55），整体前衣片的布局设计完成（图3-56）。后片的设计同前片，保存AI格式文件。

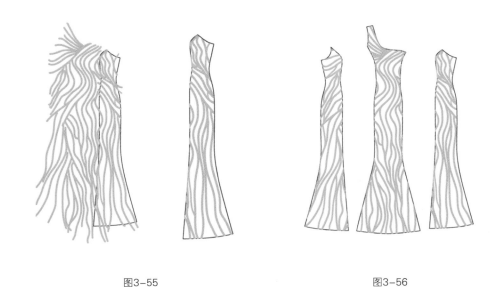

图3-55　　　　　　　　　　　　　　　　　　　图3-56

五、条纹图案变化设计与三维展示

方案1：在AI中选择衣片条纹填充豹纹图案，衣片填充同色调底色，导出PSD格式分层文件（图3-57）。在PS中打开分层文件，选中图案图层，打开【图层样式】对话框，

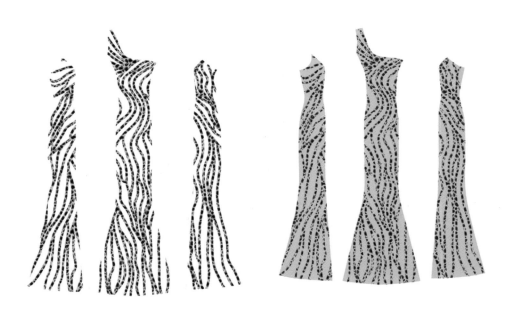

图3-57

设置【投影】图层样式参数，为图案增加投影与立体的效果。在CLO3D中打开前面保存的衣服文件，选中衣片，利用属性窗口的表面纹理菜单来置入图案，可直接观察图案的布局效果（图3-58）。

图3-58

　　方案2：在AI中选择衣片条纹填充黑白两色的斑马纹图案，衣片填充渐变底色，导出PSD格式分层文件（图3-59）。在PS中打开分层文件，选中图案图层，打开【图层样式】对话框，设置【投影】图层样式参数，为图案增加投影与立体的效果。在CLO3D中置入图案，展示整体的布局效果（图3-60）。

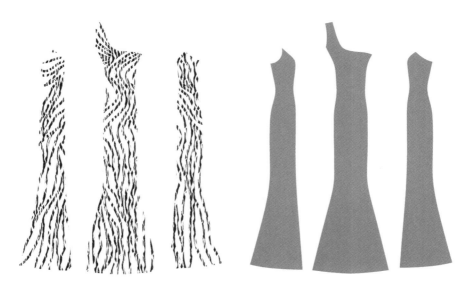

图3-59

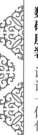

图3-60

　　方案3：在AI中选择衣片条纹填充蓝绿色调的孔雀图案，衣片填充亮色纹样，形成明度和肌理对比，导出PSD格式分层文件（图3-61）。在PS中打开分层文件，选中图案图层，打开【图层样式】对话框，设置【投影】图层样式参数，为图案增加投影与立体的效果。在CLO3D中置入图案，展示整体的布局效果（图3-62）。

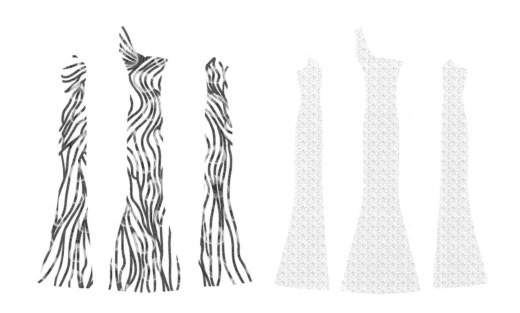

图3-61

图3-62

方案4：将黑白两色的斑马纹放大比例，填充到衣片中。选中衣片，双击【旋转工具】，在弹出【旋转】面板中设定旋转的角度数值，仅勾选【变换图案】选项，通过【预览】观察变换的效果，确定后斑马纹转到对应的角度；再将黑白两色的斑马纹添加有彩色，组成新的图案，填充到衣片中，并变换图案的大小和角度（图3-63）。

图3-63

方案5：组合设计。将中间衣片填充孔雀图案，侧片填充大比例的孔雀羽毛，产生疏密和肌理的对比变化（图3-64、图3-65）。

图3-64

图3-65

第四节 技法详解

一、AI（Adobe Illustrator）二方连续图案设计

1. 图案单元设计

步骤1：绘制轮廓。选用【钢笔工具】，勾勒出蝴蝶的轮廓将其锁定。再用【铅笔工具】绘制翅膀上的纹路，当前一线段处于激活状态时，如果后一线段的起始点是前一线段上的点，需要按下【Ctrl】键在空白处单击，结束前一线段的绘制，否则会修改前一线段。选中全部纹路按下【Ctrl+G】成组（图3-66）。

步骤2：填充颜色。依据蝴蝶翅膀造型，绘制两个深浅不一的同色系色块并选中，双击工具箱中的【混合工具】按钮，在弹出的【变形选项】对话框中，设定【间距】选项为【指定的步数】并输入数值，点击【确定】后，分别单击两个形状上对应的锚点，即可自动生成指定步数的形状与颜色的过渡，其色彩效果融合细腻（图3-67），采用同样方法完成其他部分的填色（图3-68）。继续绘制花朵和如意云头图案，为制作蝶恋花连续图案准备好元素（图3-69）。

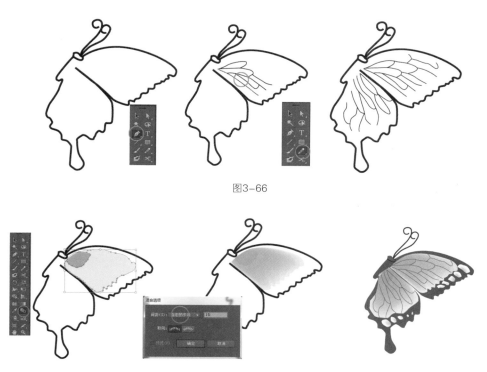

图3-66

图3-67

图3-68

图3-69

2. 创建图案画笔

步骤1：扩展渐变色。包含渐变色、实时上色组、渐变网格、剪切蒙版等图形对象不能用于创建画笔，直接创建图案画笔时会提示"所选图稿包含不能在图案画笔中使用的元素"，故要将花朵图案中的渐变色对象进行扩展。选中渐变色花瓣，点击【对象】菜单下的【扩展】命令，在弹出的【扩展】对话框中，选择扩展为【填充】，输入将渐变扩展为【指定】的对象数量，确定后渐变色就转变为类似色阶一样的效果（图3-70）。

图3-70

步骤2：定义画笔单元。选中蝴蝶图案，按下【Alt】键，拖动复制出第二只蝴蝶，与花朵进行排列组合，调整好间距。选中图案单元的所有元素，点击【属性栏】中的【垂直居中对齐】按钮（或在【对齐】面板上点击），所选元素在水平方向快速对齐（图3-71）。

图3-71

步骤3：创建图案画笔。图案画笔也是一种散点式的排列，与散点画笔相比，它能将画笔图案连贯成一个整体，可绘制出二方连续图案的效果。选中图案单元按下【Ctrl+G】成组，拖到【画笔】面板中，选择【图案画笔】。在弹出的【图案画笔选项】对话框中，图案单元自动创建并置入【边线拼贴】格子内，其余格子对应的分别是【外角拼贴】【内角拼贴】【起点拼贴】【终点拼贴】，还可进一步设定画笔间距、适合方式、着色方法等，确定后完成图案画笔的创建。用【矩形工具】画出一个矩形，选择新创建的画笔描边，此时描边图案在四个角点是空缺的（图3-72）。

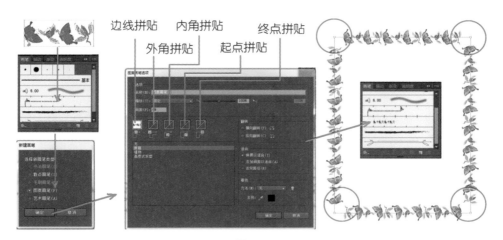

图3-72

步骤4：补充拐角和起终点图案。选中拐角图案，按下【Alt】键拖到【画笔】面板中已建好画笔栏的第一空格处，在弹出的【图案画笔选项】对话框中，拖入的拐角图案位于【外角拼贴】格子内，再用新创建的画笔描边，此时描边图案在四个角点已补充完整（图3-73）。采用相同方法将图形元素加入到【内角拼贴】【起点拼贴】【终点拼贴】位置，构成完整的二方连续图案。用【钢笔工具】画一条开放的路径，选择最终创建的画笔描边，可以看到起点、终点图案的完整效果（图3-74）。

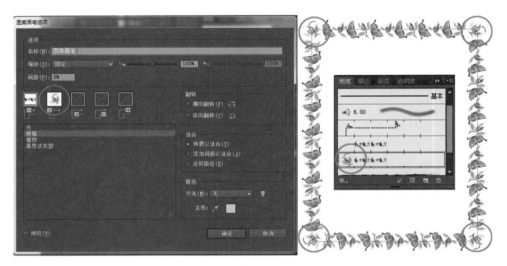

图3-73

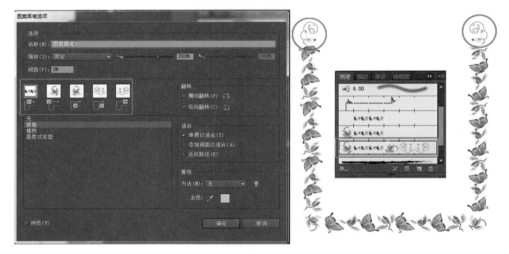

图3-74

3. 二方连续边饰设计

步骤1：绘出装饰边缘。在AI中打开衣片文件，填充主色，用【钢笔工具】画出衣片的装饰边缘并填色（图3-75）。

步骤2：图案画笔描边。用【钢笔工具】画出装饰图案的位置路径，按下【Ctrl】键在空白处单击，可结束开放路径的绘制。选择已创建的图案画笔描边，通过修改【属性栏】中【描边粗细】的数值来改变图案的大小，或修改【图案画笔选项】对话框中的【缩放】数值。调整好描边图案的大小和位置后，复制衣片的轮廓，然后与描边图案做剪切蒙版（图3-76）。

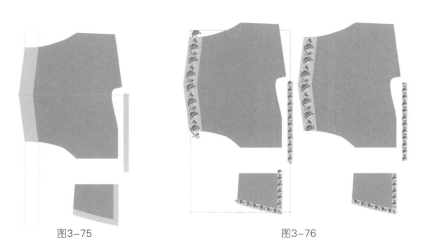

图3-75   图3-76

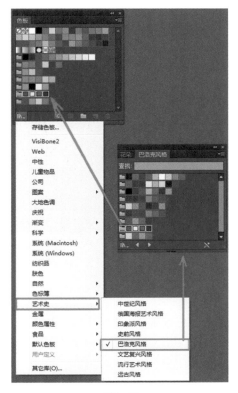

图3-77

步骤3：使用色板库。点击【色板】面板左下角的【"色板库"菜单】按钮，在弹出的菜单中选择色彩分类中的子类，例如，选择【艺术史】类中的【巴洛克风格】选项，在弹出的【色板库】面板上单击颜色组图标，就会将该组颜色添加到【色板】面板上（图3-77）。使用【色板库】面板可以方便地选择各种配色规则和配色组合，快速地实现色彩搭配。

步骤4：更改配色方案。选中全部衣片，点击【颜色参考】面板底部的【编辑或应用颜色】按钮，可打开【重新着色图稿】对话框（或双击【色板】面板中颜色组图标），选择不同的颜色组对原配色方案进行改变，选中的衣片也会同步显示新的配色效果（图3-78、图3-79）。点击【随机更改颜色顺序】按钮，可得到同一组颜色不同的配色组合，进而选择满意的配色效果。

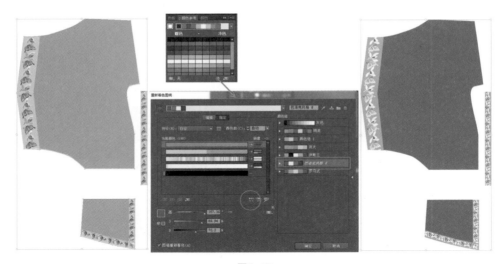

图3-78

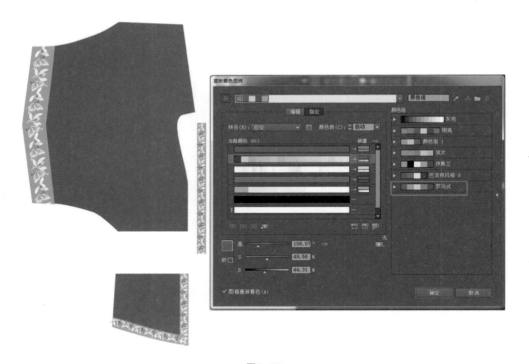

图3-79

　　步骤5：三维虚拟试衣。在CLO3D中打开衣服文件，将布局好的图案置入三维系统的衣片中，可看到色彩搭配和装饰图案的布局效果（图3-80、图3-81）。采用同样方法设计双开衩裙子的装饰边，在开衩处呈现二方连续图案的起、终点样式，并完成其三维试衣（图3-82）。

图3-80

图3-81

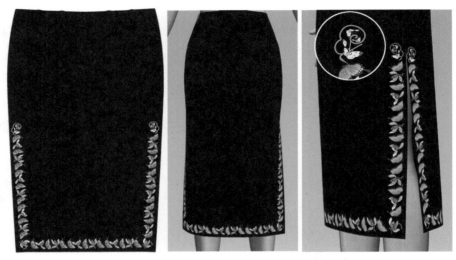

图3-82

二、AI四方连续图案设计

1. 图案单元布局设计

步骤1：绘制图案单元定界框。选用【矩形工具】单击画面，在弹出的【矩形】面板中输入【宽度】和【高度】数值，单击【确定】按钮做出矩形，描边不填色（图3-83）。

图3-83   图3-84

步骤2：分层布局图形元素。用【选择工具】将花朵单元随机散布在矩形中，按下【Alt】键，拖动复制多个花朵，可调整单个花朵定界框的控制点，对图形进行放缩、旋转等编辑操作。选中部分花朵变换颜色，再点缀若干蝴蝶纹样构成蝶恋花图案（图3-84）。

步骤3：图案单元定界框处元素处理。选中图案单元定界框左上角花朵，双击【选择工具】，在弹出的【移动】面板中设定【水平】移动的数值为矩形定界框的宽度，【垂直】移动的数值为0，点击【复制】后得到右上角的花朵。再将左、右上角两朵花选中，采用同样方法复制到定界框的两个底角（图3-85）。定界框边线上的花朵也要作同方位的复制，使之拼贴为连续图案时没有接痕（图3-86）。

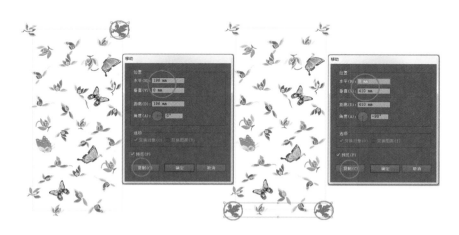

图3-85

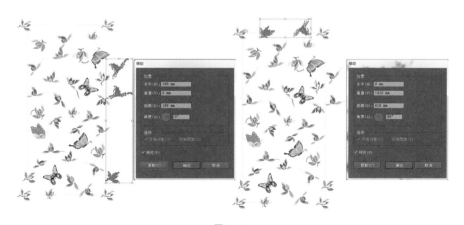

图3-86

2. 四方连续图案设计

平接四方连续图案：即将图案单元作垂直和水平方向续接并无限延续、扩展。选中图案单元的矩形定界框，设描边色为无，在右键弹出菜单中，选择【排列】下的【置于底层】选项（快捷键【Shift+Ctrl+[】）（图3-87），然后选择图案单元和矩形定界框拖动至【色板】面板中，完成四方连续图案的创建。在画板中绘制一个矩形，单击【色板】面板中创建的图案，即可填充整个矩形，看到图案平铺后的效果（图3-88）。

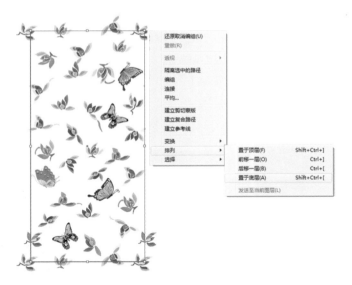

图3-87

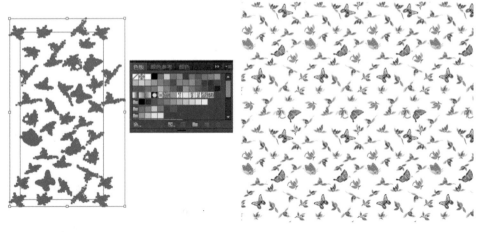

图3-88

　　跳接四方连续图案：即将图案单元按行或按列作错位连接，常见的有1/2跳接、1/3跳接和2/5跳接等。选择图案单元和矩形定界框，在【对象】菜单下，选择【图案】中的【建立】命令，进入到图案编辑模式（图3-89）。在弹出的【图案选项】面板中，设定【拼贴类型】为【砖型（按列）】，设定【砖型位移】为1/2，即可出现沿竖向1/2跳接的图案拼贴效果（图3-90）。在拼贴图案中发现有图案叠压，可及时调整图案单元，点击【完成】按钮可退出编辑模式，新图案自动存入【色板】中（图3-91）。还可对不同的拼贴类型、叠加方式、拼贴空隙大小进行设置，比较不同的图案效果。

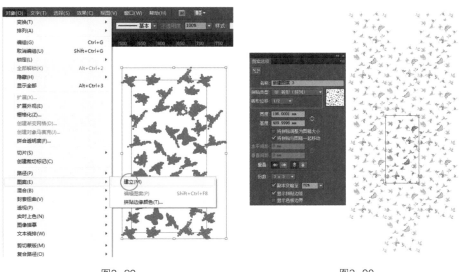

图3-89   图3-90

图3-91

3. 三维虚拟试衣

步骤1：填充衣片。在AI中打开衣片文件，选中衣片填充新创建的四方连续图案。双击【比例缩放工具】，在弹出的【比例缩放】面板中设定放缩的数值，仅勾选【变换图案】选项，确定后完成图案大小的变化（图3-92）。

图3-92

步骤2：三维虚拟试衣。在CLO3D中打开衣服文件，将布局好的图案置入三维系统的衣片中，可看到色彩搭配和装饰图案的布局效果（图3-93）。

图3-93

三、AI符号创建与应用

1. 符号设计与创建

步骤1：绘制花朵。选用【钢笔工具】，勾勒出花瓣的轮廓。选中轮廓线，双击【渐变工具】按钮，可打开【渐变】面板，默认的渐变为黑、白两色。在渐变条下方单击，可添加新色标；双击色标会打开【颜色】面板，对颜色进行设定；将色标滑块拖离渐变条则删除该色标。选定的花瓣上会同步出现渐变色条，方便更直观地调节颜色。按下左键在渐变的菱形端拖动，可放缩或旋转渐变条；按下左键在渐变条的圆形端拖动，可移动渐变条的位置。调节好填充的渐变色后，再设定花瓣的描边颜色和粗细（图3-94）。采用同样方法完成其他花瓣的设计，组合成花朵单元并成组（图3-95）。

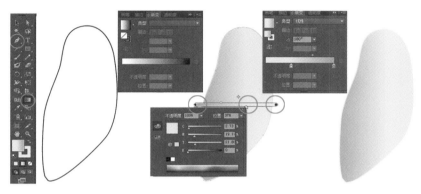

图3-94

步骤2：绘制叶子。选用【钢笔工具】，勾勒出叶子的轮廓并填充渐变色。用【铅笔工具】画出叶脉的纹路，选中全部纹路按下【Ctrl+G】成组。点击【属性栏】中【变量宽度配置文件】的向下三角，选择一种配置文件使叶脉路径的宽度不均匀变化，完成叶片的设计（图3-96）。

图3-95

图3-96

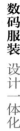

步骤3：组合整枝花创建符号。将花朵、叶子、花枝组合成整枝花并成组。打开【符号】面板，将选中的整枝花拖动到【符号】面板中（或点击面板底部的【新建符号】按钮），即可创建为符号（图3-97）。

图3-97

步骤4：使用符号图例。选用【混合工具】设计若干不同颜色的花瓣，拖动到【符号】面板中创建为符号，然后用【选择工具】将已创建的花瓣符号拖到画布中，快速创建相同的图形，组合成花束，再把整束花创建为符号（图3-98）。使用符号图例可以大大节省文件的空间，相同的符号图例只需记录其中的一个。

图3-98

步骤5：创建网格对象符号。用【钢笔工具】，勾勒出花瓣的轮廓。选用【网格工具】在花瓣内部单击创建一个网格点，可以在花瓣内部设计多个网格点，并为每个网格点设定不同方向、不同颜色的渐变填充。使用【网格工具】可以轻松地实现颜色柔和过渡的超写实效果（图3-99）。设计不同的花瓣和叶子，将它们组合成整枝花，拖动到【符号】面板中创建为符号（图3-100）。在【符号】面板的扩展菜单中，点击【存储符号库】命令，将已创建的符号存储在自定义的符号库文件中。

图3-99

图3-100

提示 符号是在设计中可以重复使用的图例。相对创建画笔时的诸多限制，符号图例可以包含渐变、网格、复合路径、剪切蒙版、嵌入的图片等。将图例创建成符号，可以快捷地生成很多相同的符号图例，并通过符号工具调整其大小、距离、色彩和样式等，既减小文件的存储空间又提高了设计效率。另外，还可以使用【符号】面板底部【符号库菜单】按钮下的各类符号库进行设计。

2. 应用符号

步骤1：用【符号喷枪工具】绘制花朵。打开衣片文件，在【符号】面板的扩展菜单中，点击【打开符号库】命令，调入自定义的符号库文件。选中花朵符号，使用【符号喷枪工具】按住鼠标左键在衣片上单击或拖动，可喷洒出一系列的花朵符号，生成符号组（图3-101）。拖动鼠标的快慢和按住鼠标不动的时间与符号产生的数量和密度相关。按下【Alt】键，在花朵符号上单击可将其删除。

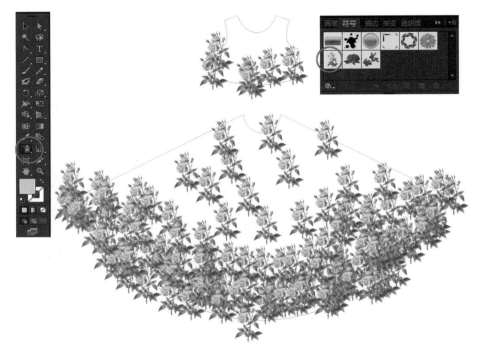

图3-101

步骤2：调整花朵的布局。选用【符号移位器工具】按住鼠标左键在花朵图例上拖动可移动花朵的位置。选用【符号紧缩器工具】按住鼠标左键不动或拖动，可使花朵向鼠标处收缩；按下【Alt】键操作会使花朵扩展。选用【符号缩放器工具】按住鼠标左键不动或拖动，可使花朵放大；按下【Alt】键操作会使花朵缩小。选用【符号旋转器工具】按住鼠标左键拖动时，在花朵图例上出现一个箭头图标，显示旋转的方向和角度，释放鼠标后花朵旋转到该角度。选用【符号着色器工具】在花朵图例上单击或拖动，是以【颜色】面板中的当前色重新着色；按下【Alt】键操作会减少着色量。选用【符号滤色器工具】在花朵图例上单击或拖动，可增加其透明度；按下【Alt】键操作会降低透明度。选用【符号样式器工具】，先在【图形样式】面板上选择一种样式，然后在花朵图例上单击或拖动，可为其添加样式。调整好花朵图案的布局后，复制衣片和裙片并置顶，分别与花朵图案做剪切蒙版（图3-102）。

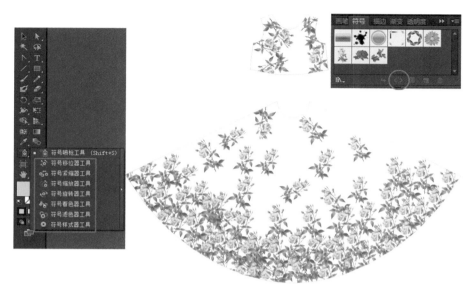

图3-102

提示 如果某些花朵图例不想随符号的修改而变化或要单独调整，可将其选中后点击【符号】面板底部的【断开符号链接】按钮即可。

步骤3：三维虚拟试衣。在CLO3D中打开衣服文件，将布局好的图案置入三维系统的衣片中，可看到色彩搭配和装饰图案的布局效果（图3-103）。选用其他花朵符号进行布局设计，并完成其三维试衣（图3-104）。

图3-103

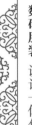

图3-104

Part4
第四章

工艺肌理

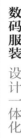

以扎染、拼贴等传统工艺肌理为切入点，运用数码设计手段对工艺肌理进行效果仿制和创新重构，给传统技艺带来别具一格的视觉感受与时尚韵味，向古老的服饰文化和传统手工艺致敬。

第一节　数码扎染

一、创意分析

作品灵感来自于传统扎染工艺和敦煌壁画图案。方案构思：采用上下分身的两件组合，线条简洁，上身收紧，下身采用夸大下摆的造型，与醒目的图案布局相呼应。从古老的敦煌壁画中提取元素，运用数码方式进行打散、重构和扎染效果仿制，以放大尺寸的图案和条纹在衣片上布局，给传统的扎染印花技艺带来别具一格的视觉效果，变换不同色彩的组合搭配，凸显数字打造的传统扎染手工风格图案的不同韵味（图4-1）。

图4-1

二、设计流程与技法要点

1. 流程概览（图4-2）

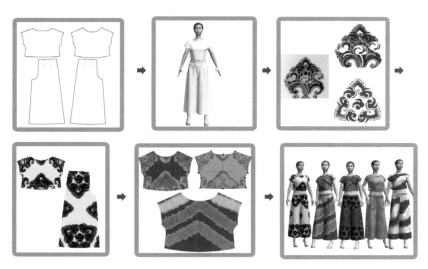

图4-2

2. 技法要点

- AI图像描摹与处理。
- Painter扭曲变形画笔运用。
- Painter特效笔刷琴键笔运用。
- PS扭曲滤镜与模糊滤镜。
- 图案打散重构设计。

三、板型设计与三维虚拟
试衣

1. 板型设计

采用上下分身的两件组合，线条简洁，上身收紧，下身夸大下摆的造型，与醒目的图案布局相呼应。在CAD打板软件中直接绘制样板（图4-3）。将CAD打板文件【输出ASTM文件】存为DXF格式文件，为后续图案设计和三维试衣使用。

图4-3

2. 三维虚拟试衣与板型调整

步骤1：在CLO3D中先调节试衣模特的尺寸，再导入DXF格式衣片文件。点击【显示安排点】工具，将衣片安排在虚拟模特的周边（图4-4）。

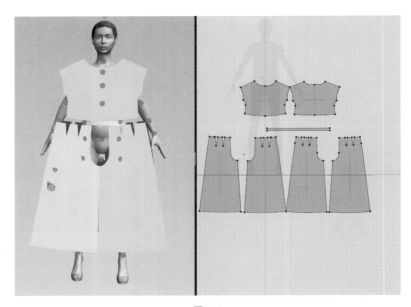

图4-4

步骤2：沿用第二章第一节介绍的方法，设定衣片的缝合线、调节面料参数（图4-5）。

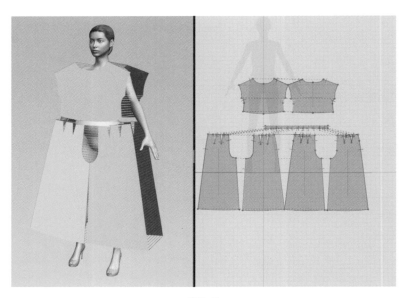

图4-5

步骤3：完成三维虚拟试衣（图4-6）。全方位观察三维虚拟试衣的效果，结合造型的风格适当调整板型，点击【同步】按钮，使变化后的效果实时显示在【虚拟化身窗口】中，直至最终确定。修改后的板型还要在CLO3D中再次导出为DXF格式的文件，并更新原有的衣片文件。

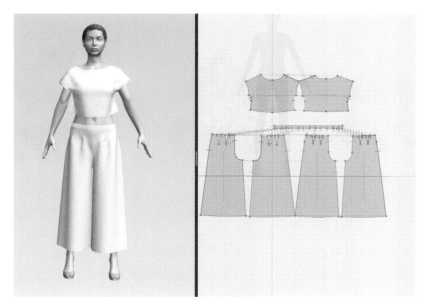

图4-6

四、素材图像描摹与重构

1. 素材图像描摹与处理

步骤1：在AI中新建文件，选择菜单【文件】下的【置入】命令，将素材图片置入到画板中，点击属性栏中的【嵌入】按钮，使素材文件和当前文件成为一个完整文档。点击属性栏中【图像描摹】的右侧三角，在弹出的描摹选项中选择描摹方式，可自动完成对位图的描摹。点击属性栏中的【扩展】按钮，就可"将描摹对象转换为路径"，点击右键选择【取消编组】后可编辑修改路径（图4-7）。

图4-7

步骤2：将描摹后的图案单元进行删减，可用【斑点画笔】进行修描，重新填充扎染图案的靛蓝色，选同色调的两种颜色（图4-8）。保存AI格式文件，并导出PSD分层格式文件。

图4-8

步骤3：在PS中打开图案单元文件，选中图案层，选择滤镜菜单【滤镜库】下的【扭曲】中的"海洋波纹"，调节参数"波纹大小"和"波纹幅度"，使两种颜色自然融合，形成渗色效果（图4-9），保存文件。

图4-9

步骤4：在Painter中打开上面的文件，选择【扭曲变形画笔】中的【紊乱】笔刷，沿图案边缘刷出随机的变形效果；再选择【扭曲变形画笔】中的【颗粒揉擦】笔刷，沿图案边缘晕染，仿制扎染的褪色效果（图4-10），保存文件。

图4-10

步骤5：在PS中打开上面的文件，选择滤镜菜单【模糊】选项下的【动感模糊】，使图案更柔和自然，最后对仿真扎染图案作整体调整（图4-11），保存文件。

2. 素材图像重构

在PS中从仿真扎染图案选取局部图案，通过复制、放缩、旋转等变化，重新组合构成新图案，保存分层的新图案文件，以备衣片布局使用（图4-12）。

图4-11

图4-12

五、图案布局变化与三维展示

方案1：浅色底布与靛蓝色调图案布局设计。

步骤1：在PS中打开上衣文件，选中衣片图层填充底色，选择滤镜菜单【杂色】选项下的【添加杂色】，增加底布的质感（图4-13）。

步骤2：把仿真扎染图案通过复制粘贴到衣片文件中，选中图案图层复制多个图案，在衣片上进行布局，通过放缩、旋转、移动等编辑，完成整件衣片的图案排布（图4-14）。

图4-13

步骤3：分别选中每个图案图层与衣片创建剪贴蒙版，以便随时调整更改图案的布局。按住【Alt】键，鼠标放在图层面板上两个图层之间，当鼠标形状改变时单击即可，最后对扎染图案作整体效果调整（图4-15）。后片的设计方法相同。

图4-14

图4-15

步骤4：打开裙裤文件，用与上衣相同步骤完成裤片图案的整体布局设计（图4-16）。

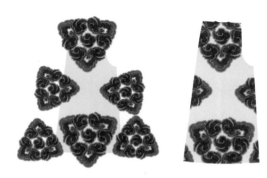

图4-16

步骤5：在CLO3D中分别选中前、后衣片和裙裤片，置入相对应的图案文件，完成三维试衣效果（图4-17）。

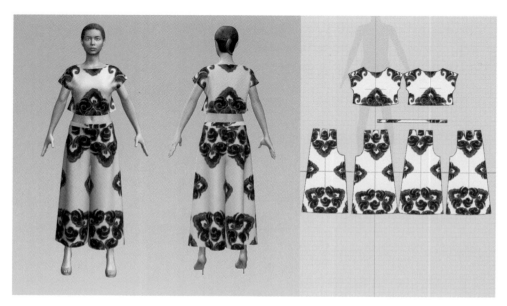

图4-17

方案2：靛蓝色调图案与同色调底布的布局设计。打开上衣文件，选中衣片选区，新建图层填充同色调底色，选择滤镜菜单【杂色】选项下的【添加杂色】（图4-18）。选中图案层将边缘提亮并渲染，再与衣片创建剪贴蒙版（图4-19）。裤片图案的调整方法与衣片相同。在CLO3D中分别选中前、后衣片和裙裤片，置入相对应的图案文件，完成三维试衣效果（图4-20）。

图4-18

图4-19

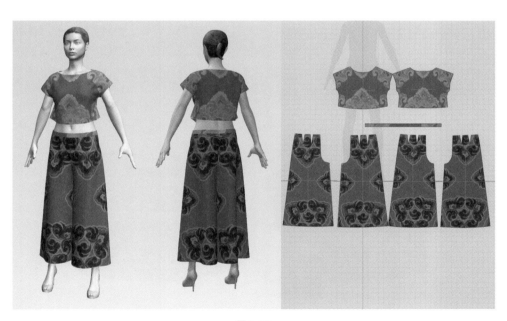

图4-20

方案3：参考提取素材的原色调，变换上衣和裙裤的底色与图案颜色，在CLO3D中分别选中前、后衣片和裙裤片，置入相对应的图案文件，完成三维试衣效果（图4-21）。

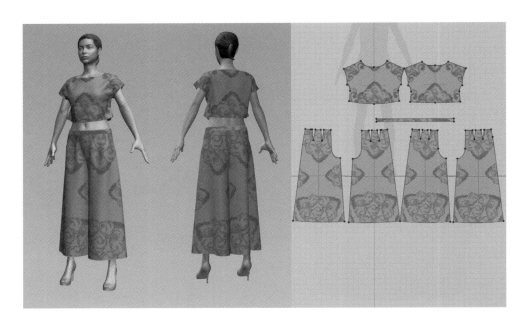

图4-21

方案4：仿真套色扎染图案的布局设计。

步骤1：在Painter中打开上衣文件，选中衣片图层填充底色，新建图层，选用【特效笔】中的【琴键笔】，变换不同的颜色刷出同一色调深浅变化的笔触效果，呈现有节奏感的条状排列，然后进行模糊柔化处理，再与衣片创建剪贴蒙版（图4-22），仿制套色扎染的效果。裤片图案的设计方法相同。

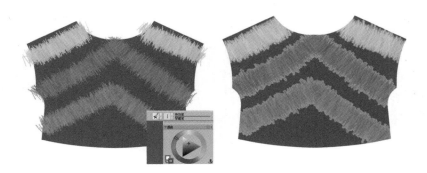

图4-22

步骤2：在CLO3D中分别选中前、后衣片和裙裤片，置入相对应的图案文件，完成三维试衣效果（图4-23）。

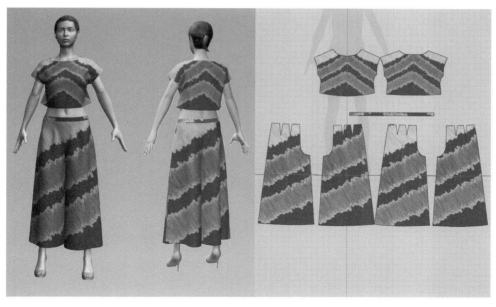

图4-23

数码拼贴

一、创意分析

作品灵感来自于手工拼布作品。方案构思：线条简洁的伞状廓型，领口与裙摆均采用不对称的直线造型，与不规则的拼接面料相协调。以多种数字方法进行拼贴方案的打造：同质异色、异质异色、分割混搭等，充分展现数码拼贴灵活、高效、直观的优势，将传统拼布技艺以数字化的方式再现，带来丰富多彩的视觉享受（图4-24）。

图4-24

图4-24

二、设计流程与技法要点

1. 流程概览（图4-25）

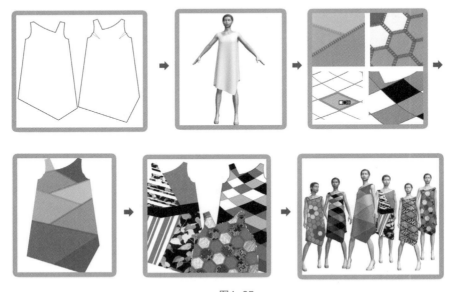

图4-25

2．技法要点

- AI几何形状编辑组合。
- AI混合工具与造型。
- AI实时上色工具应用。
- 线迹仿真与装饰。

三、板型设计与三维虚拟试衣

1．板型设计

采用线条简洁的伞状廓型，领口与裙摆均采用不对称的直线造型，与不规则的拼接面料相协调。在CAD打板软件中直接绘制样板（图4-26）。将CAD打板文件【输出ASTM文件】存为DXF格式文件，为后续图案设计和三维试衣使用。

2．三维虚拟试衣与板型调整

步骤1：在CLO3D中先调节试衣模特的尺寸，再导入DXF格式衣片文件。点击【显示安排点】工具，将衣片安排在虚拟模特的周边（图4-27）。

图4-26

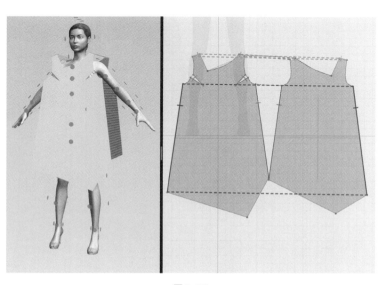

图4-27

步骤2：沿用第二章第一节介绍的方法，设定衣片的缝合线、调节面料参数，完成三维虚拟试衣（图4-28）。全方位观察三维虚拟试衣的效果，结合造型风格适当调整板型，点击【同步】按钮，使变化后的效果实时显示在【虚拟化身窗口】中，直至最终确定。修改后的板型还要在CLO3D中再次导出为DXF格式的文件，并更新原有的衣片文件。

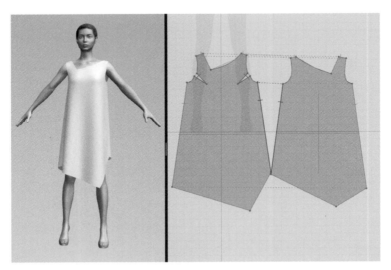

图4-28

四、拼贴形式设计与三维展示

1. 用钢笔路径工具布局设计

步骤1：在AI中打开衣片文件，选中衣片填充底色并锁定，选择【钢笔工具】逐一勾画色块造型，填色后锁定以免影响后面的勾线，色块之间可以相接也可以叠压，通过编辑路径对拼接色块的形状、大小、位置、颜色进行随时修改，直至最终完成（图4-29）。

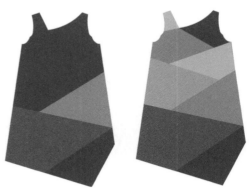

图4-29

步骤2：绘制拼接缝线。素色面料拼接往往强调的是拼接线，突出线条的美感。在此用创建散点画笔的方法模拟三角针线迹。选择【铅笔工具】画出若干条缝线，设定线条的粗细和颜色，选择【钢笔工具】画出缝线轮廓，成组后对称复制并调整位置，选中整个三角针单元拖到【画笔】库中，在弹出【新建画笔】面板中选择【散点画笔】后确定，在弹出【散点画笔选项】面板中设定相关参数（图4-30）；改变三角针单元的线迹颜色，采用同样方法创建新的散点画笔，画出线迹路径后即可直接选用其描边（图4-31）。

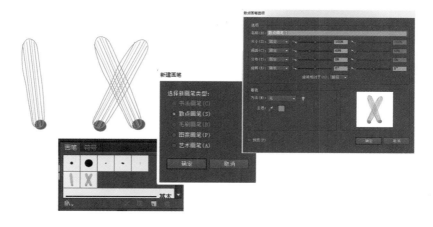

图4-30

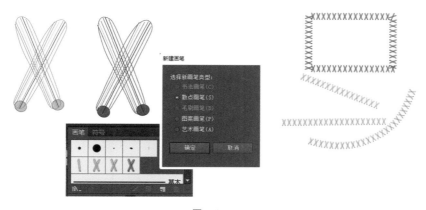

图4-31

步骤3：将衣片拼接色块需要缝接的轮廓线用【剪刀工具】剪断，选择缝接线路径，用不同颜色的三角针画笔描边，保存AI格式文件，导出PSD分层格式文件。在PS中打开缝线描边的衣片文件，选中拼接衣片图层，使用滤镜【杂色】和【纹理化】增加布料的质感；选中缝线图层，使用【图层样式】添加阴影效果增加立体感（图4-32）。

步骤4：在CLO3D中选中衣片，置入相对应的图案文件，完成三维试衣效果（图4-33）。

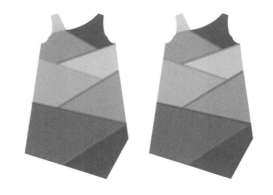

图4-32

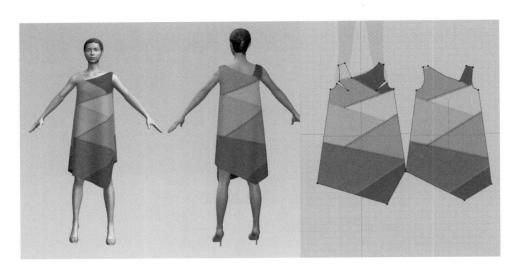

图4-33

2. 用几何形状工具布局设计

步骤1：在AI中打开衣片文件，新建图层，选择【多边形工具】，设定参数后创建一个六边形色块；选中色块，按下【Alt】键，拖动复制第二个色块并对齐边线，连续使用【Ctrl+D】组合键"再次变换"，完成多个色块的复制并成组；选中一排色块，按下【Alt】键，拖动复制第二排色块并对齐边线，连续使用【Ctrl+D】组合键"再次变换"，完成整面色块的复制（图4-34）。

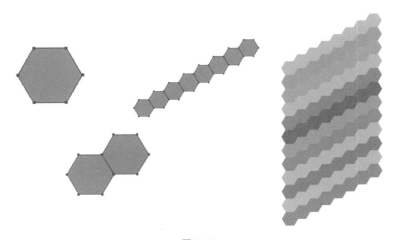

图4-34

步骤2：将整面色块统一颜色。复制衣片轮廓线置顶，与整面色块一并选中，单击右键，在弹出的面板中选择【建立剪切蒙版】；复制整面色块不填色，选画笔库中的线迹描边（图4-35）。

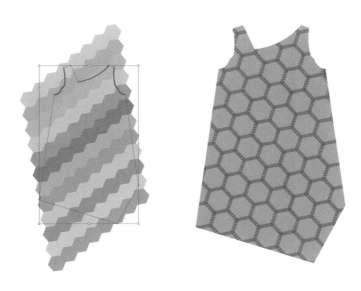

图4-35

步骤3：用【编组选择工具】选择单个色块，变换填充色完成整面色块颜色的布局；复制衣片不填色，轮廓描边（图4-36）。保存AI格式文件，并导出PSD分层格式文件。

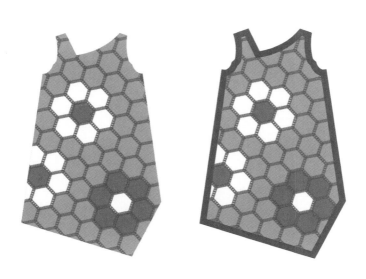

图4-36

步骤4：在PS中打开PSD分层格式文件，选中拼接色块图层，使用滤镜【杂色】和【纹理化】增加布料的质感；选中贴边图层，剪切掉衣身部分的贴边；选中线迹图层，使用【图层样式】添加阴影效果增加立体感。在CLO3D中选中衣片，置入相对应的图案文件，完成三维试衣效果（图4-37）。

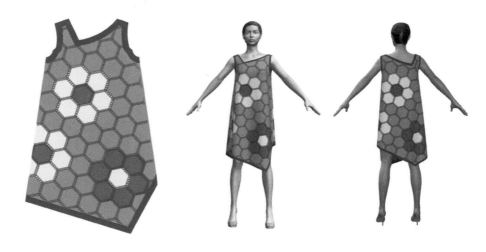

图4-37

3. 用实时上色组布局设计

步骤1：在AI中打开衣片文件，新建图层，选择【钢笔工具】，画出拼接面两端的
分割线并选中；双击【混合工具】，设定"指定的步数"，创建两条线之间的过渡线条；
点击对象菜单中的【扩展】命令，将混合对象扩展为普通对象和填充，单击右键选择
【取消编组】后可编辑修改路径（图4-38）。

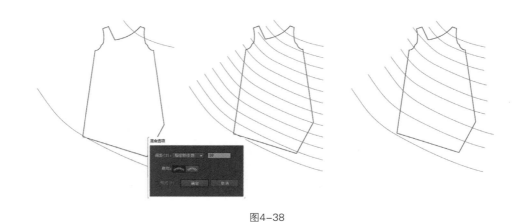

图4-38

步骤2：采用同样方法做另一组分割线。选中两组分割线，点击对象菜单中的【实
时上色】选项中的【建立】命令，将混合对象扩展为普通对象和填充，选择【实时上色
工具】为各拼接面上色（图4-39）。

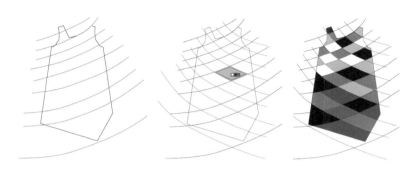

图4-39

步骤3：复制衣片置顶，与拼接色块一并选中，单击鼠标右键，在弹出的面板中选择【建立剪切蒙版】；在CLO3D中选中衣片，置入相对应的图案文件，完成三维试衣效果（图4-40）；还可通过创建新颜色组或编辑现有颜色组，快速变换为新的一组色调，进行试衣效果的比较（图4-41）。

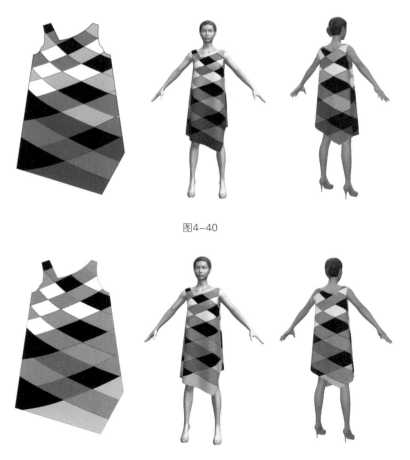

图4-40

图4-41

五、拼接材质变化与三维展示

方案1：不同材质的拼接设计。在PS中打开拼接色块文件，置入近似色调不同质感的面料图像，选择同种面料拼接区域，新建图层填色，与拼接面料建立剪贴蒙版。选中衣片底布图层，使用滤镜【杂色】和【纹理化】增加布料的质感，与拼接面料形成对比；在CLO3D中选中衣片，置入相对应的图案文件，完成三维试衣效果（图4-42）。

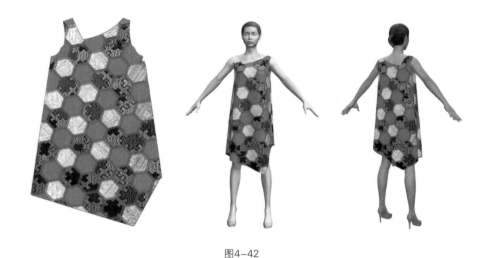

图4-42

方案2：近似色调不同风格图案的拼接设计。拼接方法同上，主要变化在拼接面料的花型大小对比、几何图案与花卉图案的混搭方面。在CLO3D中分别选中衣片，置入相对应的图案文件，完成三维试衣效果（图4-43、图4-44）。

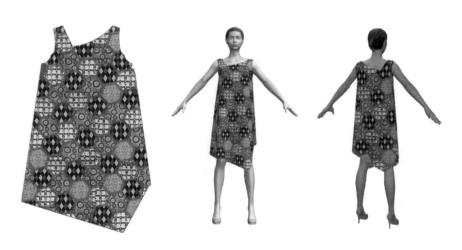

图4-43

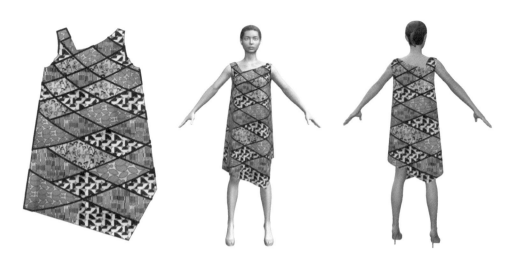

图4-44

　　方案3：衣片虚拟分割拼接设计。依据结构关系设计分割线，腰部进行虚拟的断开拼接，花卉图案与条纹穿插、透叠，增添层次感和视觉变化。在CLO3D中选中衣片，置入相对应的图案文件，完成三维试衣效果（图4-45）。

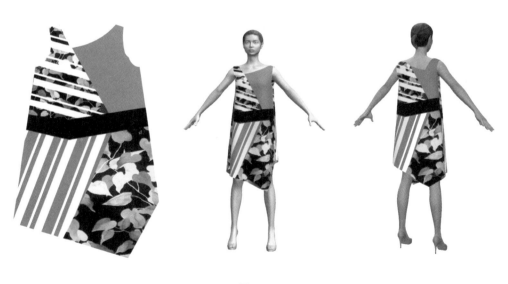

图4-45

第三节 | 数码肌理

一、创意分析

　　作品定位于商务休闲装。方案构思：一改传统职业装的古板样式，造型端庄而富于变化，半立领结构，中长喇叭袖嵌入缝线中，与收腰形成对比。以传统的海水江崖纹样作为主要元素进行数码重构，装饰在肩部、门襟、衣摆、袖口等部位，数字仿制的镶嵌效果增添了层次和变化，体现了细节和精致感，将中国传统文化和现代设计有机地融合在一起，契合了"新中装"的时尚风潮（图4-46）。

图4-46

二、设计流程与技法要点

　　1. 流程概览（图4-47）

图4-47

2. 技法要点

- Painter厚涂类纹理笔刷运用。
- PS图层样式与效果。
- 素材图片处理与元素重构。

三、板型设计与三维虚拟试衣

1. 板型设计

一改传统职业装的古板样式，造型端庄而富于变化，上身半立领结构，中长喇叭袖嵌入缝线中，与收腰形成对比；下身是修长直筒裙，两侧开衩。在CAD打板软件中直接绘制样板（图4-48）。将CAD打板文件【输出ASTM文件】存为DXF格式文件，为后续图案设计和三维试衣使用。

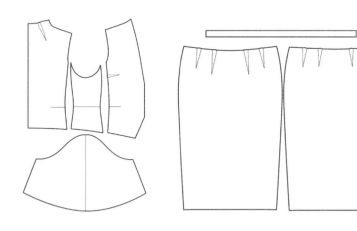

图4-48

2. 三维虚拟试衣与板型调整

步骤1：在CLO3D中先调节试衣模特的尺寸，再导入DXF格式衣片文件。点击【显示安排点】工具，将衣片安排在虚拟模特的周边（图4-49）。

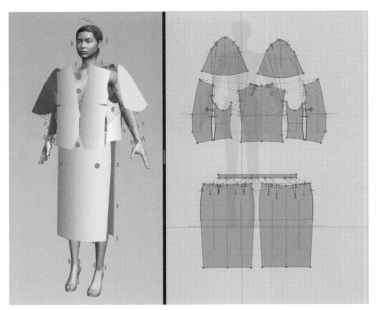

图4-49

步骤2：沿用第二章第一节介绍的方法，设定衣片的缝合线、调节面料参数，完成三维虚拟试衣（图4-50）。全方位观察三维虚拟试衣的效果，结合造型风格适当调整板型，单击【同步】按钮，使变化后的效果实时显示在【虚拟化身窗口】中，直至最终确定。修改后的板型还要在CLO3D中再次导出为DXF格式的文件，并更新原有的衣片文件。

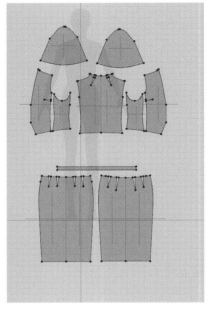

图4-50

四、数码肌理与三维展示

1. 数码镶嵌

步骤1：在PS中打开衣片文件，置入素材图片，将素材图片底色剪切掉；复制素材图案层，在前片的肩部、衣摆部位进行布局；选取素材中的局部元素，组合重构后沿衣片止口边缘进行二方连续排布；分别选中每个图案元素与衣片创建剪贴蒙版，以便随时调整更改图案的布局。按住【Alt】键，鼠标放在图层面板上两个图层之间，当鼠标形状改变时单击即可（图4-51）。

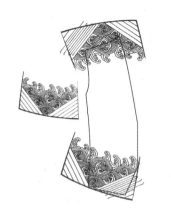

图4-51

步骤2：采用同样方法完成侧片、后片、袖片的图案布局（图4-52）。保存PSD分层格式文件。

步骤3：在Painter中打开衣片图案文件，按下【Ctrl】键，点击图层面板中衣片图案的缩图载入图案选区。新建图层，选用厚涂画笔中的【纹理—精细】刷出纹理（图4-53）。

图4-52

图4-53

步骤4：在PS中打开添加纹理的衣片文件，选中衣片图层填充底色，使用滤镜【杂色】和【纹理化】增加布料的质感；选中图案图层，打开【图层样式】对话框，分别设置【内发光】【斜面和浮雕】【颜色叠加】【投影】图层样式参数，改变图案颜色并增加投影与立体感，仿制金丝镶嵌的效果（图4-54）。

图4-54

步骤5：采用同样方法完成裙片的图案设计（图4-55）。

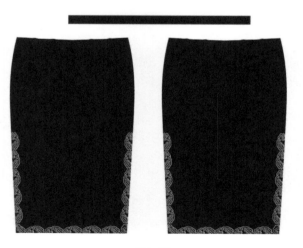

图4-55

步骤6：在CLO3D中选中衣片，置入相对应的图案文件，完成三维试衣效果（图4-56）；变换图案颜色仿制银丝镶嵌的效果（图4-57）。

图4-56

图4-57

2. 数码3D纹理

步骤1：在Painter中打开衣片文件，选中衣片图层填充渐变底色（图4-58）。

步骤2：在渐变底色下面新建图层，选用厚涂画笔中的【纹理—浓重】刷出3D纹理，逐一完成各衣片的纹理创建（图4-59）。裙子的设计方法相同。

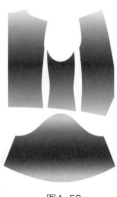

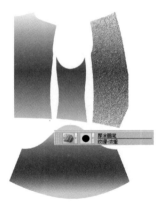

图4-58 图4-59

步骤3：在CLO3D中选中衣片，置入相对应的图案文件，完成三维试衣效果（图4-60）。

图4-60

第四节 技法详解

一、AI图像描摹与设计应用

1. 图像描摹与处理

步骤1：素材图像处理。在PS中打开素材图片，复制素材图层，沿着需要保留的图像部分做选区，反选后按下【Ctrl+X】组合键，将其他图形剪切掉，保存文件。如果将分辨率为72PPI的素材图拷贝粘贴到300PPI的衣片图形中，素材图放大时图像质量则达不到要求（图4-61），不能直接使用，需要转换为矢量图形，并作进一步的修描和处理。

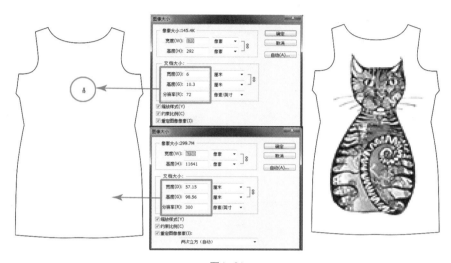

图4-61

步骤2：图像描摹。在AI中新建文件，选择菜单【文件】下的【置入】命令，将素材图片置入到画板中。选中素材图，点击【属性栏】中的【图像描摹】的右侧三角，在弹出的描摹选项中选择【高保真度照片】方式，可自动完成对位图的描摹，并转换为矢量图形（图4-62）。从【窗口】菜单打开【图像描摹】面板，可以根据需要对位图的描摹进行设置，得到不同的描摹结果（图4-63）。

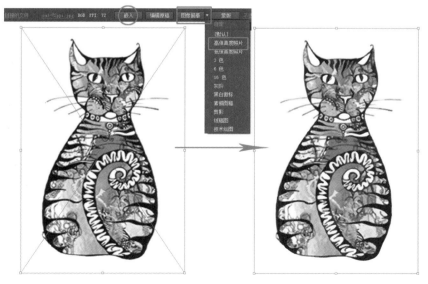

图4-62

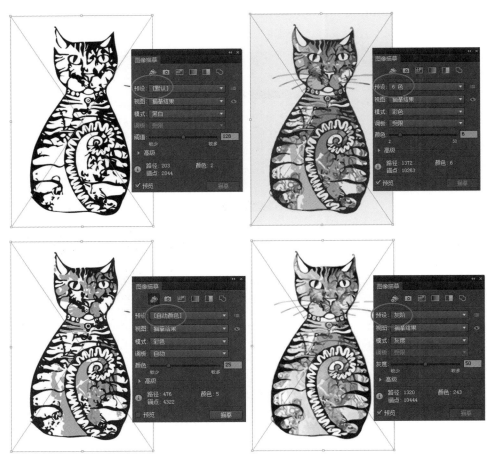

图4-63

步骤3：描摹图像处理。选中素材描摹图，点击【属性栏】中的【扩展】按钮，就可【将描摹对象转换为路径】，点击右键选择【取消编组】后，可用【斑点画笔工具】、【钢笔工具】及编辑路径工具对局部形状进行修描（图4-64）。修改完毕，选中全部路径按下【Ctrl+G】组合键再次成组。

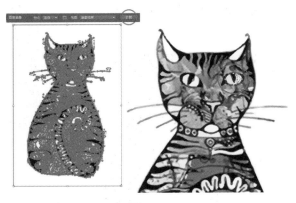

图4-64

步骤4：更改配色方案。选中描摹后的素材图，按下【Alt】键，拖动复制出第二个花猫，点击【颜色参考】面板底部的【编辑或应用颜色】按钮，可打开【重新着色图稿】对话框（或双击【色板】面板中颜色组图标），选择新的颜色组对原配色方案进行改变，画板上选中的花猫会同步显示新的配色效果（图4-65）。复制更多的花猫，选择不同的颜色组对配色方案进行变化，点击【随机更改颜色顺序】按钮，可得到同一组颜色不同的配色组合，进而选择满意的配色效果（图4-66）。

图4-65

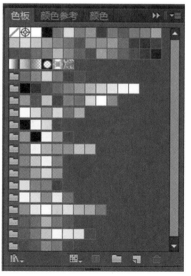

图4-66

2. 图案布局设计与虚拟试衣

步骤1: 图案布局设计。在AI中打开衣片文件,将图案单元复制粘贴到衣片文档中,调整好大小。选用【椭圆工具】,同时按下【Shift】和【Alt】键在花猫头部画圆,所画圆要位于图案上方。选中圆和图案,在右键弹出菜单中选择【建立剪切蒙版】命令,隐去头部以下图形(图4-67)。按下【Alt】键,拖动复制出两个花猫头部图案,将其中一个对称翻转。调整好图案位置后,复制裙片置顶,与图案做剪切蒙版(图4-68)。其他衣片的设计方法相同。

图4-67

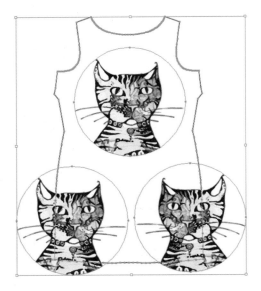

图4-68

步骤2：三维虚拟试衣。在CLO3D中打开衣服文件，将布局好的图案置入三维系统的衣片中，可看到色彩搭配和装饰图案的布局效果（图4-69）。继续选用描摹素材图像作出不同的图案布局，并完成其三维试衣（图4-70、图4-71）。

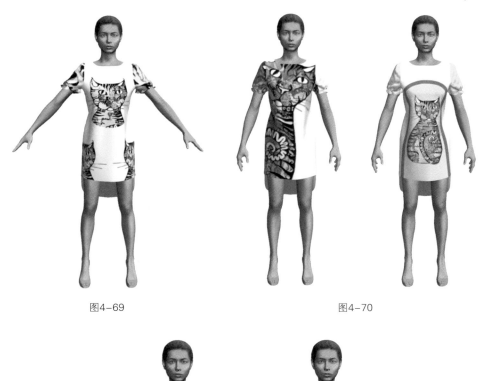

图4-69   图4-70

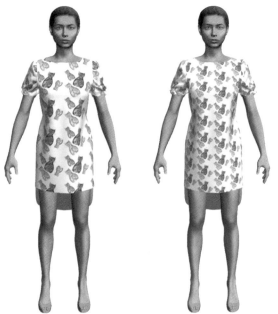

图4-71

二、Painter画笔与肌理创建

1. 创建图像喷管文件与画笔

步骤1：提取素材。在Painter中打开素材图片，选用【圆形选区工具】，同时按下【Shift】和【Alt】键做正圆选区，逐一复制珠子分别粘贴到透明图层上，调整好排列的顺序。按下【Shift】键选中全部珠子图层，点击【图层】面板底部【图层命令】下的【群组】命令，将它们成组（图4-72）。

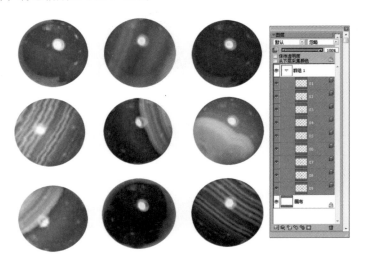

图4-72

步骤2：创建图像喷管文件。选中珠子群组，点击工具箱右下角的【喷图选择】图标，弹出【喷图选择】面板，再单击选择器右上角的扩展按钮，在弹出的扩展菜单中选择【自群组制作喷图】命令，会弹出一个黑底色的珠子重新排列的图像喷管文件，将其命名后保存为Painter的RIF格式文件（图4-73）。单击扩展菜单中【加载喷图】命令，打开上面保存的图像喷管文件，成为当前图像喷管画笔的笔触。单击扩展菜单中【添加喷图到材质库】命令，确认所保存的图像喷管文件后，则永久加入到喷图材质库中。

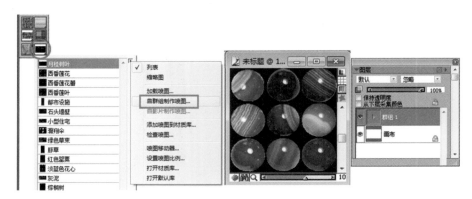

图4-73

步骤3：调试和创建自定义图像喷管画笔。点击【笔刷类别】的向下三角按钮，选择【图像喷管】笔刷，系统默认的【笔刷变体】为【喷雾—尺寸—P角度—W】，其笔刷效果是随机离散的分布排列；选择【线性—尺寸—P】变体，其笔刷效果是相互叠压的线性排列（图4-74）。按下【Ctrl+B】组合键打开【画笔创建器】，可以基于现有的Painter画笔进行创建，在【笔触设计器】标签页的【间距】子面板下，增大笔刷【间距】和【最小间距】的值，改变珠子排列的疏密程度。在【角度】子面板下将【表达方式】设定为【随机】，能更自然地模拟串珠装饰效果，完成自定义画笔的创建（图4-75）。在【画笔选项栏】的扩展菜单中选择【保存变量】可存储笔刷变量。

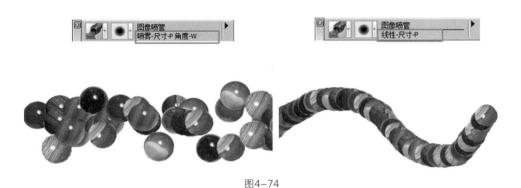

图4-74

图4-75

2. 应用图像喷管画笔仿真串珠装饰肌理

步骤1：绘制仿真串珠装饰肌理。在Painter中打开串珠装饰方案的衣片文件（分辨率300PPI、PSD格式）,选择上述自定义的图像喷管画笔和珠子喷图材质，在新建图层上按照串珠装饰位置绘制，只需绘制图案单元对称形状的一半，保存文件（图4-76）。

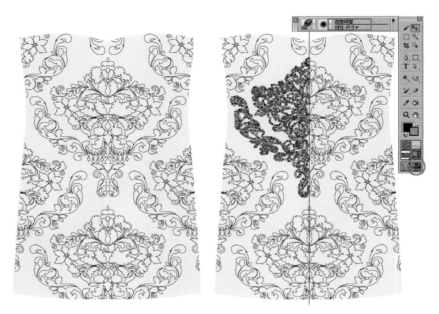

图4-76

步骤2：复制编辑串珠装饰图案。在PS中打开衣片文件，选中图案单元层，按下【Ctrl+J】组合键复制图层。按下【Ctrl+T】组合键编辑复制层上的图案，在右键弹出菜单中选择【水平翻转】命令，使图案对称翻转。然后用【移动工具】水平拖动翻转后的图案至对称中心，构成完整的图案单元。按下【Shift】键，选中两个图案层，再按下【Ctrl+E】组合键合并为一个图层（图4-77）。采用同样方法复制图案单元并调整好位置后，合并全部图案层（图4-78）。按住【Alt】键，鼠标放在【图层】面板上两个图层之间（即珠子图层和衣片图层），当鼠标形状改变时单击，创建剪贴蒙版，隐藏衣片之外的串珠图案（图4-79）。按住【Alt】键，再次单击两个图层中间，则可释放剪贴蒙版，便于进行图案位置的调整与修改。

步骤3：添加图层样式。按下【Ctrl】键，在【图层】面板上衣片【图层缩览图】处单击，激活衣片图层的选区，填充白底色。选中串珠图层，点击【图层】面板底部的【图层样式】按钮，在弹出的【图层样式】面板上选择【投影】选项，设定阴影的颜色并调节相关的参数，使珠子具有立体感。选择【外发光】选项，调节相关参数，以增强珠串的光泽感（图4-80）。

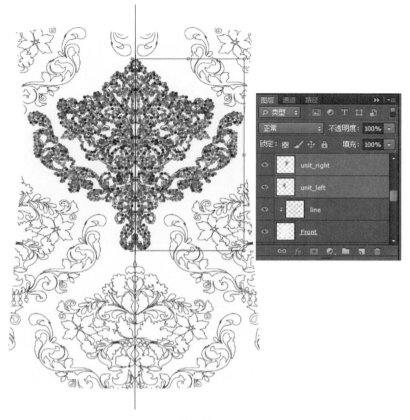

图4-77

图4-78

第四章 工艺肌理

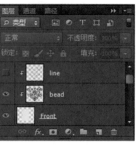

图4-79

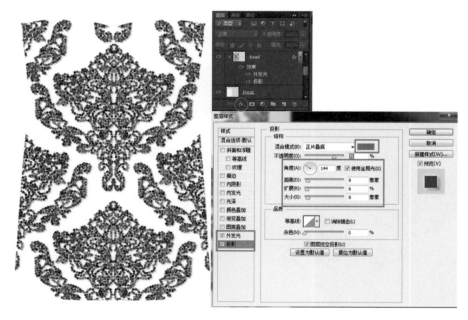

图4-80

步骤4：三维虚拟试衣。在CLO3D中打开衣服文件，将布局好的图案置入三维系统的衣片中，可看到仿真串珠的装饰效果（图4-81）。

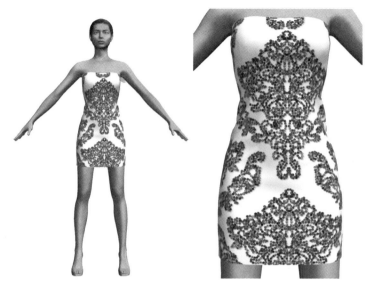

图4-81

三、PS绣片图案打散、重构与图案布局

1. 绣片图案打散与重构

步骤1：绣片扫描图处理。在PS中打开扫描的绣片图，复制绣片图层。选用【魔棒工具】，设定好【容差】值，在绣片层背景区域做选区，按下【Ctrl+X】组合键剪切掉背景图像。按下【Ctrl+Alt+I】组合键，在弹出的【图像大小】面板中设定图像分辨率为300PPI。在【图像】菜单【调整】项下，选择【亮度/对比度】命令，增加绣片的亮度（图4-82）。将处理后的绣片图保存成PSD格式文件。

图4-82

步骤2：绣片图案打散与重构。从绣片图案中选择形状近似的花瓣元素，做出选区复制粘贴到新层上。使用【移动工具】，按下【Ctrl+T】组合键可对选中的花瓣元素进行各种变换，调整界定框上的控制点可缩放、旋转花瓣元素；在右键弹出菜单中可选择斜切、扭曲、变形、翻转等各项操作，最终将一片一片的花瓣元素组合成月季花的形态（图4-83）。

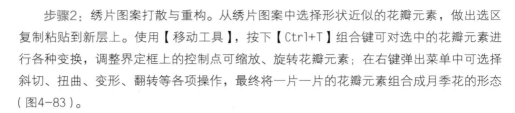

图4-83

步骤3：组合整枝花。从绣片图案中选择花枝和叶子，做出选区复制粘贴到新层上。使用【移动工具】，按下【Ctrl+T】组合键变换其大小和方向，再与花朵进行组合（图4-84）。采用同样方法重构设计其他花枝图案（图4-85）。

图4-84

图4-85

2. 裁片图案布局与三维虚拟试衣

步骤1：裁片图案布局设计。在PS中打开领子的裁片图（分辨率300PPI），从重构的绣花图案文件中逐一复制图案单元粘贴到领片中，使用【移动工具】调整其位置、大小和方向，完成左半边领子的图案布局（图4-86）。

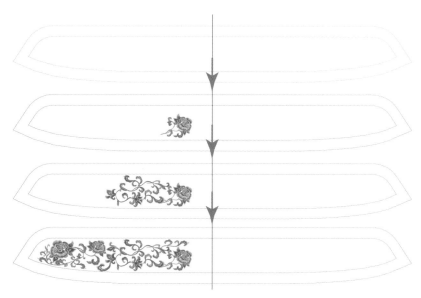

图4-86

步骤2：复制翻转图案。按下【Shift】键选中全部图案层，按下鼠标左键直接拖动到【图层】面板底部的【创建新组】按钮上，创建为一个组。选中组，在右键弹出菜单上选择【复制组】，按下【Ctrl+T】组合键将复制的图案组作【水平翻转】，再拖动翻转后的图案水平移到右半边领子的对称部位。继续布局领子中部的图案，完成整片领子的图案布局（图4-87）。

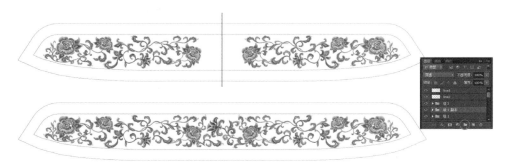

图4-87

步骤3：装饰花边图案布局设计。采用同样重构方法把素材元素布局在多层次的扇形荷叶边上，与领子的绣花肌理形成对比（图4-88）。

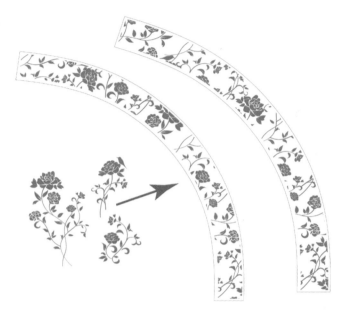

图4-88

步骤4：三维虚拟试衣与成衣效果。在CLO3D中打开衣服文件，将布局好的图案置入三维系统的衣片中，可看到立领的仿真绣花图案与多层荷叶边的装饰效果（图4-89）。采用数码印花工艺印制领子和荷叶边，并制作出成衣（图4-90）。

图4-89

图4-90

Part5
第五章

综合设计

本章从综合应用的角度介绍三款设计：传统旗袍数码仿真、超现实风格服装数码设计、定制小礼服数码设计，给出了从方案构思到数码设计，直至数码印花并制作出成品的全过程。

一、仿真作品分析

旗袍是中国女性服装的典型代表，运用现代数码技术进行仿真复原，可以使我们更直观地了解并传承旗袍文化。将旗袍的结构造型、纹样图案、制作工艺等用数码设计一并完成是突出的优势。

所选的花卉纹绸短袖旗袍现收藏于中国丝绸博物馆，源于20世纪30年代，实物照片见图5-1。这件旗袍采用的是蓝紫色花卉纹绸面料，用红色的蕾丝花边镶边，开衩至膝盖以上位置，旗袍衣长112厘米，通袖长82厘米，是当时比较流行的款式。图案主要构成元素有：牡丹、梅花、兰草、中国结、几何暗纹以及红色蕾丝花边。仿真设计分为三部分：旗袍板型的绘制、蓝紫色花卉纹绸旗袍纹样的仿真、图案与裁片的布局设计，其中旗袍纹样的数码仿真是设计的重点。

图5-1

第五章 综合设计

173

二、设计流程与技法要点

1. 流程概览（图5-2）

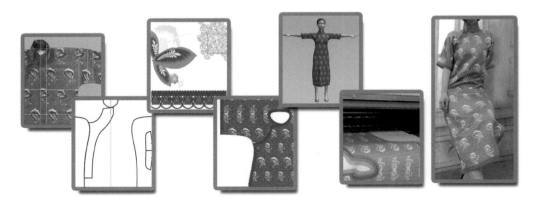

图5-2

2. 技法要点

- PS测量工具与制板。
- AI图案设计。
- Painter笔刷特效。
- 裁片图案布局与PS变形处理。
- CLO3D模特姿态调节。
- 蕾丝镶边工艺与数码仿真印制。

三、尺寸测量与样板绘制

尺寸的确定：图片资料仅提供了衣长112厘米和通袖长82厘米两个尺寸，没有更多的相关数据作参考，需要根据该款式的实物平铺图，由两个已知尺寸按比例推算出各部位的尺寸。在PS中打开款式图片，使用【Ctrl+R】组合键显示标尺，将图片按比例调整到合适的大小，分别从横、纵标尺上拖动"参考线"到款式图的测量部位，使用【标尺工具】测得尺寸后换算出实际尺寸（图5-3）。

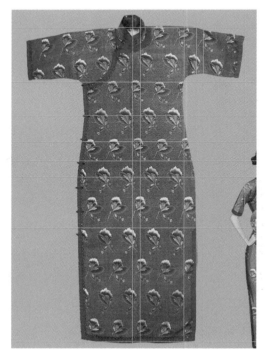

图5-3

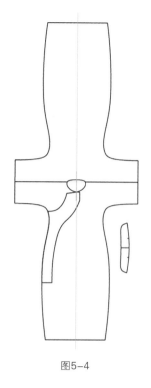

图5-4

传统旗袍的结构特征是前、后连裁，呈整衣型平面形态，在CAD打板软件中按测量尺寸绘制出样板（图5-4）。

四、纹样单元的绘制

1. 面料底纹的绘制

步骤1：面料底纹元素绘制。在AI软件里【置入】图片，用【钢笔工具】勾勒单元底纹里每个形状的轮廓，暗纹底纹中每一个小元素都是镂空的，需要将构成元素的下层形状与上层嵌套的形状一起选中后，在路径查找器中选择【减去顶层】，挖去需要镂空的部分（图5-5）。

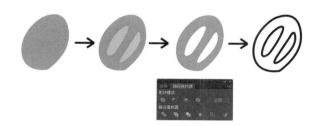

图5-5

步骤2：面料底纹单元绘制。完成底纹单元各个元素绘制后，确定构成四方连续的图形单元，创建到图案色板中（图5-6）。

图5-6

2. 面料花卉的绘制

步骤1：花卉单元里的层次多，小结构精细复杂，用【钢笔工具】分别勾勒花瓣、叶子、花茎等元素，然后上色。由于有层叠部分，所以要将其分层，调整层与层之间的叠压关系（图5-7）。

步骤2：将花卉单元的AI格式文件导出为PSD格式文件，在Painter软件里用【厚涂画笔】对花卉细节分层加以处理，制作出毛边涂抹的效果（图5-8）。

图5-7   图5-8

3. 红色蕾丝镶边的绘制

红色蕾丝花边的装饰纹理复杂，细节丰富，采用手绘部分结构纹理，然后与蕾丝素材进行拼接整合的方式，制作出旗袍镶边的效果。

步骤1：首先进行蕾丝镶边结构下半部分的绘制，在AI软件里用【钢笔工具】分层绘制下半部分的曲线结构并描边。然后根据服装大小，调节比例，导出为PSD格式，在Painter里用【厚涂画笔】刷出蕾丝的质感，再在PS里加上立体浮雕以及阴影效果（图5-9）。

图5-9

步骤2：在PS中打开蕾丝素材文件，截取所需要的部分，调整色相及饱和度，使其颜色与所画的蕾丝镶边的下半部分较为接近，然后将蕾丝花边的上下部分进行整合。此时注意调整两者各自的饱和度与明度，使得蕾丝花边单元结构整体在色相、明度上一致，最后完成二方连续的花边（图5-10）。

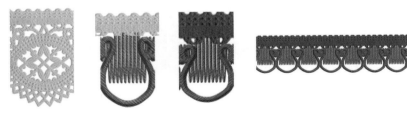

图5-10

五、图案与裁片布局设计

步骤1：将CAD打板文件【输出ASTM文件】，存为DXF格式文件，在AI中打开衣片文件，在衣片上分层填充颜色和底纹图案，导出PSD格式文件，分辨率设定为300PPI，选中【写入图层】。在PS中给底纹加上杂点，调节底纹与底色的叠加关系使效果更逼真（图5-11）。

步骤2：将花卉单元图案复制，参照款式原图的布局进行单行排列，选中整行图案进行【垂直居中对齐】和【水平居中分布】的微调，再对整行图案复制进行【垂直翻转】，直至全部布满。最后以旗袍轮廓线为形状建立剪贴蒙版（图5-12）。

步骤3：参照款式原图蕾丝镶边的位置进行排布，在排布过程中，对曲线边缘需将蕾丝镶边单元进行旋转、变形等微调，最后完成领

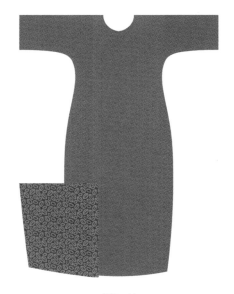

图5-11

口、门襟、开衩、底边、袖口各部位的装饰边，使得在制作工艺上大大简化。在蕾丝镶边的转角处由于是整条蕾丝镶边折叠缝制的，所以在两条镶边交叠的角平分线处，用比蕾丝镶边暗色深少许的画笔画出折痕，制作出折叠效果（图5-13）。

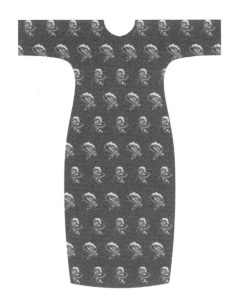

图5-12

图5-13

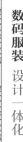

图5-14

步骤4： 后片的图案布局同前片，传统旗袍是前后连裁形式，故将前、后片对接为连裁的整片，需将肩线接缝处作细节修补，去除接痕（图5-14）。

步骤5： 领片图案布局方法同衣身（图5-15）。

图5-15

六、3D虚拟试衣与展示

步骤1： 在CLO3D中先调节试衣模特的尺寸，再导入DXF格式衣片文件。为匹配传统旗袍的平面结构，需将模特的姿态进行调整。选择菜单【虚拟化身】下的【显示X-Ray结合处】命令，选中模特肩部的关节后，沿三维放置球相关坐标面的圆形拖动，可调整胳膊抬起的程度（图5-16）。

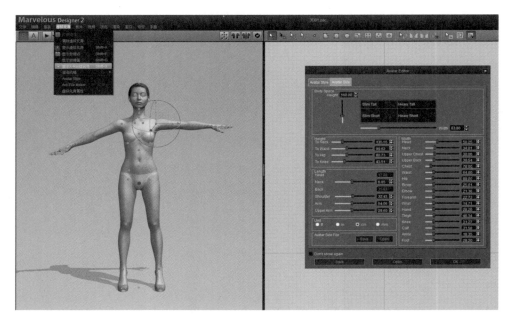

图5-16

步骤2： 沿用第二章第一节介绍的方法，设定衣片的缝合线、调节面料参数，完成三维虚拟试衣与展示（图5-17）。

图5-17

七、数码印花制作与成品展示

毛样板的设计：传统旗袍以前后中心线为垂直方向对称轴，肩袖线为水平方向对称轴，前后左右连裁，右衽大襟在制作时断开，采用包滚工艺，另一边接里襟。由于数码仿真设计已将所有蕾丝镶边连同面料图案一体化设计完成，不需要再单独滚边，故采取在大襟和右侧肩袖线处断开来设计毛样板，里襟与右前片连通为一片，具体缝边量根据衣片不同部位的制作工艺，在PS中用选区描边的方法完成（图5-18）。

数码印花：将PSD（分辨率300PPI）格式文件合层，另存为TIFF格式文档用于数码印花（分辨率不变），最终通过数码喷印与热转印工艺完成印花(图5-19)。注：如果1：1的裁片文件过大，在3D试衣软件中无法显示，需适当降低分辨率，另存为JPEG格式，压缩后的文件则可在3D试衣软件中正常显示。

图5-18

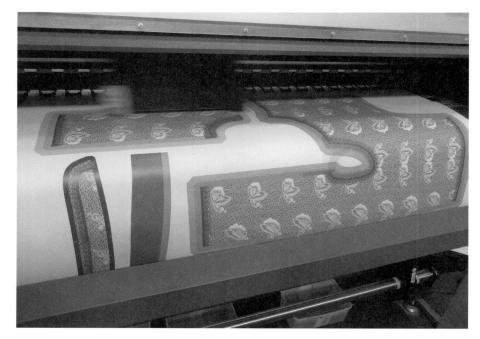

图5-19

成品展示：裁剪、制作完成的平面展示（图5-20）与着装展示（图5-21）。

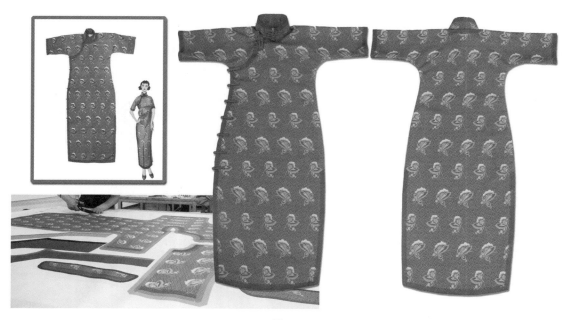

图5-20

图5-21

第二节　超现实风格服装数码设计

一、创意分析

　　灵感来源于梦境，梦中出现很多怪诞恐怖的画面，这些画面由城市中的元素以一种奇怪的方式被打散重组，使人联想到超现实主义的艺术作品。将服装基础结构打散重构，云层、楼景交错排布，寓意大气污染的恐怖，以黑色数码仿真绑带缠绕布局，强化紧张的恐怖感。前、后各有一片留白相互呼应，渴望一片净土、一缕清新的空气（图5-22）。

图5-22

二、设计流程与技法要点

1. 流程概览（图5-23）

图5-23

2．技法要点

- 立体裁剪衣片的数字化。
- 素材图片的调色处理。
- 素材图片的重构与布局。
- CLO3D多层服装的分层组合。

三、板型设计

步骤1：结合平面与立体裁剪完成结构设计，缝制样衣后修板（图5-24）。

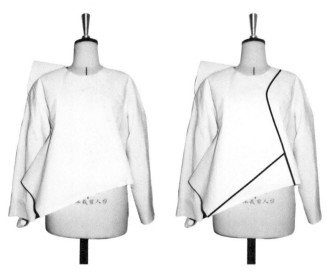

图5-24

步骤2：将布片整理平整，转移到纸板上，做好标记，再用数字化仪输入到电脑中，存为DXF格式文件（图5-25）。

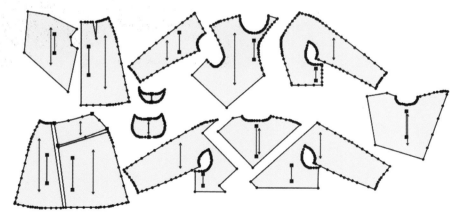

图5-25

四、图片素材调色处理

步骤1：在PS中打开素材图片，将图片按照整体设计风格进行调整。复制云纹素材图层，运用【色彩平衡】调出云层的颜色，再用【色彩范围】选择变色区域，通过调整【色相/饱和度】进一步调整云层色调的对比关系，并对细节进行修描（图5-26）。

图5-26

步骤2：对实拍建筑楼景图片进行调色。先将其【去色】变为无彩色图片，再运用【曲线】功能调节明暗和对比关系（图5-27）。

图5-27

五、图案与裁片布局设计

在PS中打开衣片文件，选中衣片，将调色后的素材图片置入到衣片文件中，调整位置后与衣片做剪贴蒙版，按服装打散重构的关系，云层、楼景交错排布，用黑色数码仿真绑带缠绕布局，注意调节各衣片间图案的对接关系。裙片的设计方法与衣片相同，后衣片与前裙片各有一片留白（图5-28）。

图5-28

六、3D虚拟试衣与成品展示

步骤1：在CLO3D中先调节试衣模特的尺寸，再导入DXF格式衣片文件。点击【显示安排点】工具，将衣片安排在虚拟模特的周边（图5-29）。将上衣所有衣片选中，设定【织物】面板【物理属性】中的【层】栏里的数值为"1"；再将所有裙片选中，设定【层】栏里的数值为"0"。

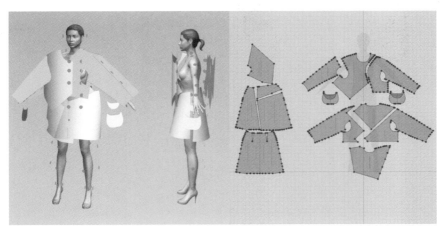

图5-29

步骤2：沿用第二章第一节介绍的方法，设定衣片的缝合线、调节面料参数。分别选中各衣片，置入对应的图案（图5-30）。

图5-30

步骤3：完成三维虚拟试衣（图5-31）。全方位观察三维虚拟试衣的效果，调整图案的布局，特别对衣片图案的对接关系要逐片核查。

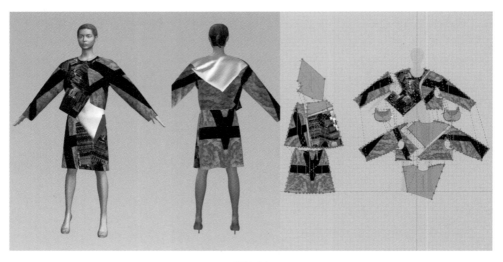

图5-31

步骤4：数码印花与成品制作。将PSD（分辨率300PPI）格式文件合层，另存为TIFF格式文档用于数码印花（分辨率不变），最终通过数码喷印与热转印工艺完成印花，裁剪、制作完成后的成品展示（图5-32）。

图5-32

第三节 定制小礼服数码设计

一、设计思路分析

为客户量身定做，需要了解客户的背景资料以及个人喜好、穿着场合、体型特征等，据此采集相关的素材，提供给穿着者不同款式、不同色彩组合与图案搭配的方案，充分沟通后确定最终方案。采用数码印花可以不受面料及印花工艺的限制，尤其适合个性化、创意感极强的服装，能真正实现设计与成品的完美对接，可为客户提供独特的个性化服务和原创设计。

方案构思：廓型呈S修身造型，剪裁上线条柔美简洁，鱼尾裙摆充满着飘逸轻灵的梦幻感。一款采用抽象的花卉图案和柔和色系，数码仿制的植绒肌理与面料底色形成对比，打破了平面纹样的单调感，制造出变化丰富的视觉效果，并提供了两种配色方案；另一款采用冷色系，在胸部运用数码褶皱增添层次和装饰感，腰部分割处巧妙地用数码水晶

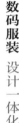

图5-33

饰物进行装点，营造出高贵、奢华的美感，蓝白相间的鱼尾裙摆呼应了上部的褶皱肌理，增强了流动和飘逸感（图5-33）。

二、设计流程与技法要点

1. 流程概览（图5-34）

图5-34

2. 技法要点

- Painter毛发笔刷效果。
- 数码植绒肌理。
- 数码褶皱肌理。
- 数码装饰素材。
- CLO3D分部位缝合。

三、板型设计与样衣修正

在CAD打板软件中直接绘制样板，输出纸样，制成坯布样衣让客户试穿（图5-35）。调整样衣并修改板型后，将CAD打板文件【输出ASTM文件】存为DXF格式文件，为后续图案设计和三维试衣使用。

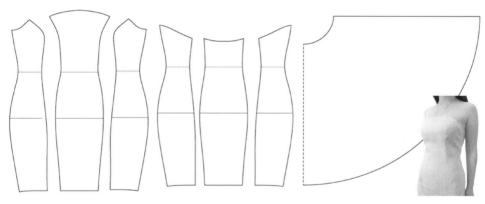

图5-35

四、衣片与图案布局设计

步骤1：在AI中选用【斑点画笔工具】，绘出主花卉单元和其他元素（图5-36）。

步骤2：打开衣片文件，使用【Ctrl+R】组合键显示标尺，从纵标尺上拖动【参考线】到前中片的对称中心并锁定。将图案单元复制后沿前中片的中心线及一侧进行排布，选中对称线以外的元素后，使用【Ctrl+G】组合键成组，单击【镜像工具】，按下【Alt】键，拖动镜像中心参考点到衣片中心处的【参考线】上松开，会弹出【镜像】对话框，选中【垂直】

图5-36

单选按钮，【变换对象】和【变换图案】为选中状态，参数设置完成后，单击【复制】按钮，完成另一侧图案的对称复制（图5-37）。保存AI格式文件，同时导出PSD格式分层文件。

图5-37

步骤3：在Painter中打开衣片图案文件，按下【Ctrl】键，点击图层面板中衣片图案的缩图载入图案选区。新建图层，选用特效笔中的【毛发笔】，用深浅不一的颜色刷出绒毛的效果（图5-38）。

图5-38

步骤4：在PS中打开刷好绒毛肌理的图案文件，按下【Ctrl】键，点击图层面板中衣片的缩图载入衣片选区，填充底色（图5-39）。

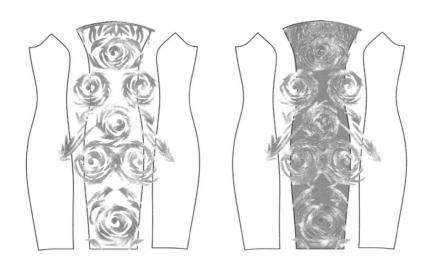

图5-39

步骤5：创建剪贴蒙版、设置图层样式。按住【Alt】键，鼠标放在图层面板上图案和底色两个图层之间，当鼠标形状改变时单击。选中图案图层，打开【图层样式】对话框，分别设置【内发光】【斜面和浮雕】【投影】图层样式参数，为图案增加投影与立体的效果（图5-40）。

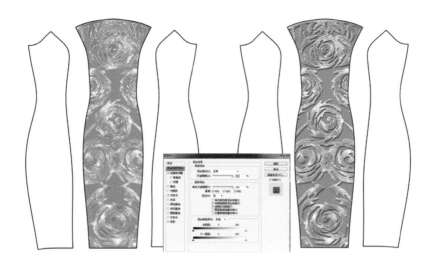

图5-40

步骤6：将前中片的图案层进行复制，移动到右前片上，调整好位置后与右前片创建剪贴蒙版；再将右前片的图案层进行镜像复制，与左前片创建剪贴蒙版（图5-41）。完成全部前片的图案布局设计（图5-42）。

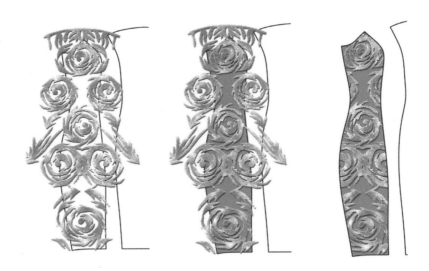

图5-41

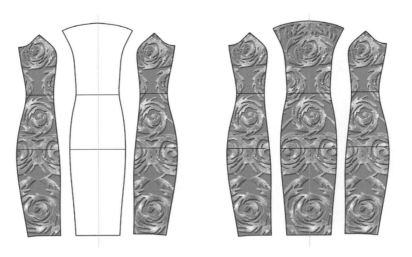

图5-42

步骤7：采用同样方法设计裙摆图案（图5-43）。

图5-43

步骤8：采用同样方法设计后片图案（图5-44）。

步骤9：第二种配色方案。选中图案图层，打开【图层样式】对话框，设置【颜色叠加】图层样式参数，其他参数不变。调整图案的颜色为酒红色，使图案与浅底色对比效果更强烈（图5-45）。

图5-44

图5-45

五、3D虚拟试衣与展示

步骤1：在CLO3D中先依据穿着者的尺寸调节试衣模特的尺寸，再导入DXF格式衣片文件。沿用第二章第一节介绍的方法，设定衣片的缝合线、调节面料参数（图5-46）。

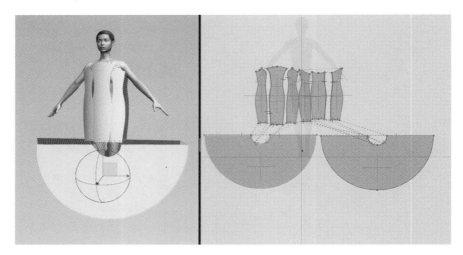

图5-46

步骤2：选中两裙摆片，把织物属性窗口的【其他属性】中的【打开】选项右侧的【打开】设为【关闭】，先完成裙身的虚拟缝合，以免裙摆的垂坠会影响裙身的试穿效果（图5-47）。

图5-47

步骤3：在完成虚拟缝合的裙身抹胸、下摆等位置，按住【W】键用针【Pin】定型，然后选中全部裙身片，把织物属性窗口的【其他属性】中的【打开】选项右侧的【打开】设为【关闭】，把两裙摆片设为【打开】，进行裙摆和裙身的缝合（图5-48）。

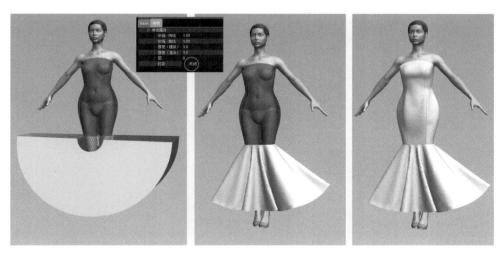

图5-48

步骤4：分别选中前、后裙身片和裙摆片，利用属性窗口的表面纹理菜单置入图案，点击织物属性窗口【纹理】选项右侧的按钮，在弹出的对话框中选择已设计好的方案一的图案文件，观察图案的布局效果（图5-49），再更换方案二的图案进行比较（图5-50）。

图5-49

图5-50

步骤5：方案三的图案设计采用冷色调的湖蓝色为主色，在PS中将裙身片上部用数码褶皱增添层次和装饰感，腰部分割处是将饰物素材处理后进行装点（图5-51），裙摆上设计了蓝白相间的放射状条纹，与褶皱肌理相呼应（图5-52）。分别选中前、后裙身片和裙摆片，置入相对应的图案文件，完成三维试衣效果（图5-53）。

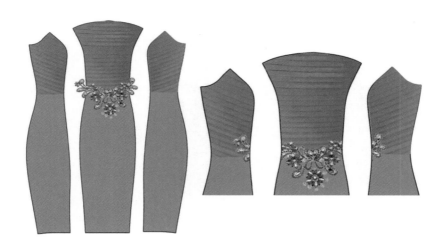

图5-51

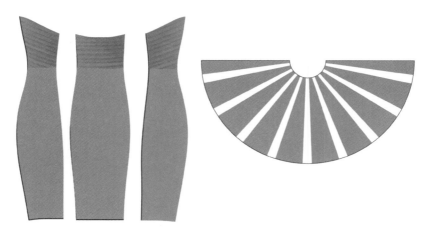

图5-52

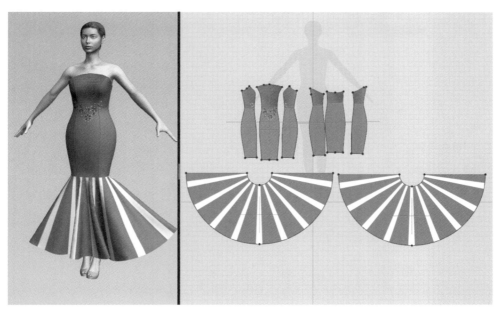

图5-53

　　步骤6：经与客户沟通，确定最终的设计方案。将PSD（分辨率300PPI）格式文件合层，另存为TIFF格式文档用于数码印花，最终通过数码喷印与热转印工艺完成印花与制作(图5-54)。

图5-54

第四节 技法详解

一、CLO3D模特姿态调节

1. 调用姿势文件

CLO3D系统提供了男女模特、儿童模特的不同姿势，通过调用姿势文件，方便用户更好地展现所设计的服装。点击【文件】菜单【打开】项下的【样子】命令，在弹出的【读文件】对话框中选择【W_pose2_attention.pos】样子文件，单击【打开】后自动进入【模拟】状态，在【虚拟化身窗口】原有的姿态会动态地变为所选的样子，服装也会随着姿态的变化而调整（图5-55），完成后需点击【模拟】工具结束模拟。调用不同的样子文件可得到不同的模特姿态（图5-56），模特姿态会在保存服装文件时一同存储。

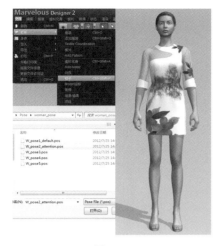

图5-55   图5-56

可以在安排衣片前先选好模特姿态，点击【安排点】工具，模特周边的红色安排点也会随着姿态的变化重新排布（图5-57）。低版本的CLO3D系统中，安排点不跟随模特姿态变化，需要单击【物体窗口】的【安排】标签页中的【穿】按钮后，安排点才会调整到变换姿态的模特周边，选择【显示安排面】也可以看到同步变化（图5-58）。

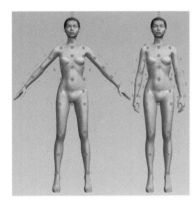
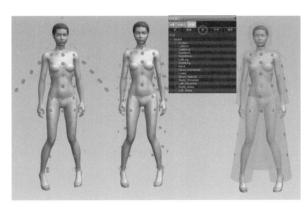

图5-57   图5-58

2. 设计模特姿态

在【虚拟化身窗口】点击【显示服装】按钮，将衣服隐藏。选择菜单【虚拟化身】下的【显示X-Ray结合处】命令，模特身上会呈现出多个绿色的关节点（图5-59）。点击模特任一关节点时，在该点会出现三维放置球。选择模特中部的紫色关节点，左键按住黄色方框拖动可移动模特的位置（图5-60）。

数码服装

设计一体化

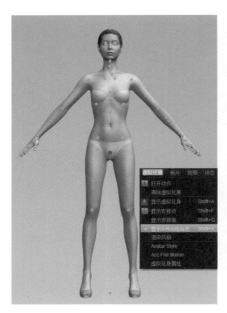

图5-59

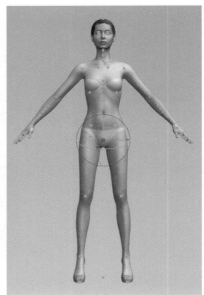

图5-60

点击【状态】菜单【线框】选项下的【Local Coordinate Gizmo】命令，将系统默认的【Screen Coordinate Gizmo】屏幕坐标体系转换为相对坐标体系。选中模特肩部的关节点，三维放置球会按照肢体的方向呈现，按下左键沿着相关坐标面的圆形拖动，可更方便地调整胳膊的角度，再选择肘部关节点，调整小臂的位置（图5-61），完成后将关节点隐藏。设计手势时，需将手部放大后对指关节的细节进行调节（图5-62）。

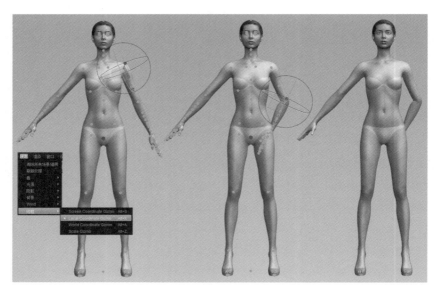

图5-61

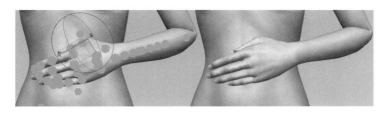

图5-62

重新设计模特姿态后，也要用【物体窗口】的【安排】标签页中的【穿】功能，将安排点调整到变换姿态的模特周边。设计完成的模特姿态可单独保存为以POS为后缀的文件，以便随时调用。衣片在安排时也可以视需要切换到相对坐标体系。

二、CLO3D多层服装组合

1. 西服虚拟试衣

步骤1：导入衣片文件。在CLO3D中导入在CAD打板软件中绘制的样板文件，从【文件】菜单【导入】命令下的【DXF】选项中，点击【打开】命令，调入西服板并用【传输板片】工具调整衣片的位置（图5-63）。

步骤2：缝合设定。选择【线缝纫】和【自由缝纫】工具分别对衣片侧缝线、前后肩线、大小袖缝线、底领翻领、袖山袖窿曲线、大袋与衣身进行缝合（图5-64）。手巾袋与大身缝合时，先用【传输板片】工具选择手巾袋板，在右键弹出菜单中选择【复制

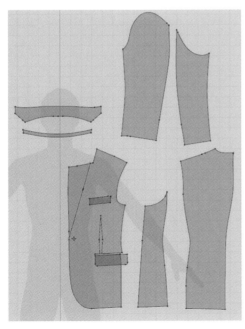

图5-63

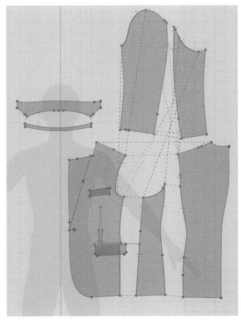

图5-64

为内部模型】，再选择【粘贴】后得到手巾袋轮廓线，将其移动到与手巾袋板重合，得到大身手巾袋口的定位线，此时移开手巾袋板，选择【自由缝纫】工具对手巾袋缝合区域进行设定（图5-65）。

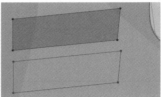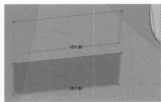

图5-65

步骤3：复制翻转衣片。用【传输板片】工具选择除领子外的所有衣片，在右键弹出菜单中选择【复制】，再选择【Mirror粘贴】得到对称衣片，已设定的缝合线也同时复制完成。选择【线缝纫】工具将后中线缝合（图5-66）。

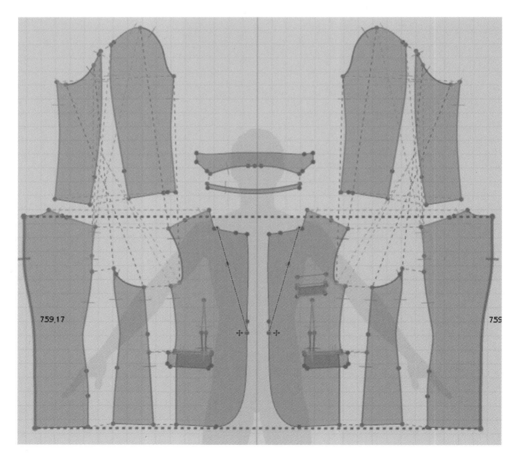

图5-66

步骤4：安排衣片。为方便安排合体型的西服衣片，先调整模特姿态及尺寸。点击【文件】菜单的【打开】子菜单下的【样子】命令，在弹出的【读文件】对话框中选择【M_pose2_attention.pos】样子文件。选择【窗口】菜单【虚拟化身大小控制器】命令，调整好模特的尺寸。点击【显示安排点】工具，将西服各衣片安排在模特周边。先选择衣片，再单击模特对应的安排点，衣片则环绕在人体的周边，然后通过三维放置球进行位置调整（图5-67）。

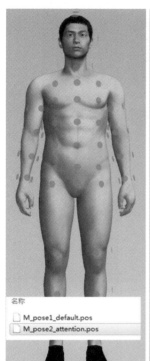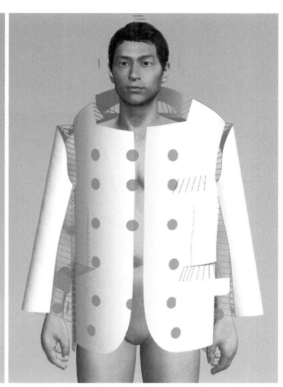

图5-67

步骤5：缝合领子。选择【创造内部图形/线】工具，画出西服领的翻折线。用【勾勒轮廓】工具选择大身衣片上的驳领翻折线，在右键弹出菜单中选择【Create Trace Inner Shape】将其提取为内部线，翻折线的颜色由蓝色变为紫红色。用【编辑板片】工具按住【Shift】键选择这三条翻折线，在【属性窗口】中的【Basic】标签页下，将【折叠角度】的数值调整为360（图5-68）。选择【自由缝纫】工具，将翻领和底领与前后衣片的领窝线、串口线缝合（图5-69）。缝合领底线时，左键单击领底曲线右端点，顺着曲线移动鼠标到另一端单击，然后按住【Shift】键依次对应缝合右前片领窝线、右后片领窝线、左后片领窝线、左前片领窝线。领子串口线的设定方法相同（图5-70）。

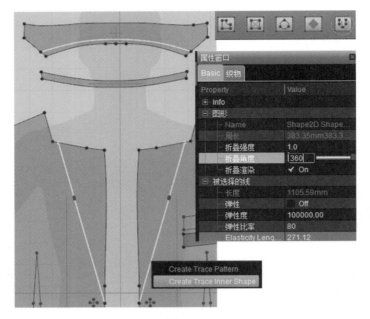

图5-68

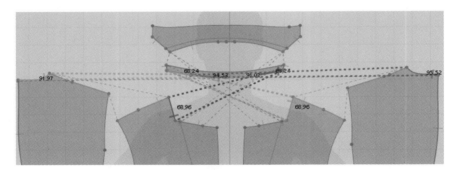

图5-69

图5-70

步骤6：装扣子。选择【创造内部圆】工具，在左前片扣位中心处单击，在弹出的【制作圆】窗口中输入半径值为5毫米，再用【传输板片】工具选中后，复制并粘贴到右前片扣位处。用【自由缝纫】工具，分别在两个内部圆的同一位置点双击，缝合内部圆（图5-71）。选择【制作圆】工具，在左前片扣位附近单击，在弹出的【制作圆】窗口中输入半径为10毫米，生成扣子的板片。选中扣子板片，修改【属性窗口】的【粒子距离】值，将系统默认的粒子距离20毫米改为3毫米，以提高模拟精度（图5-72）。用【传输板片】工具选中已做好的内部圆，复制粘贴到扣子板片中心处，然后将左前片的内部圆与扣子上的内部圆进行缝合（图5-73）。

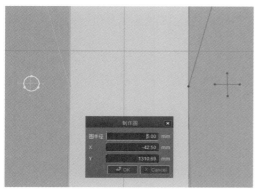 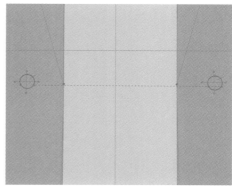

图5-71

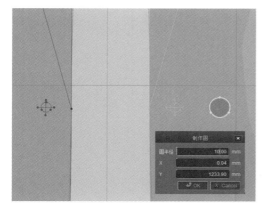 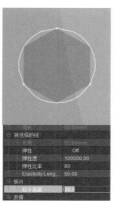 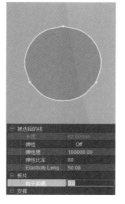

图5-72

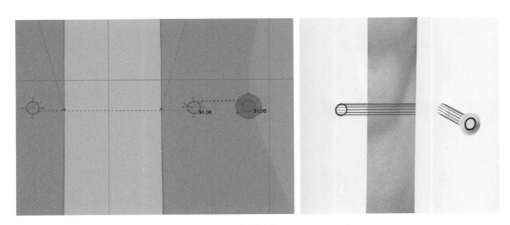

图5-73

步骤7：设置属性。用【传输板片】工具选中左前片，在【属性窗口】中的【织物】标签页下，将【其他属性】中的【层】栏里的数值改为1；选中大袋、手巾袋和扣子，将【层】栏里的数值改为2，其他衣片层数为默认值0（图5-74）。选择领片，在【属性窗口】中的【织物】标签页下，点击【物理属性】的【预设】选项栏右侧的箭头，在弹出的对话框中点击【S_Collar_With_Iterlining_CLO_V2】选项，再将扣子【物理属性】的【预设】值选定为【S_Button_Zipper_Pad_CLO_V2】（图5-75）。面料的物理属性可自行设定。

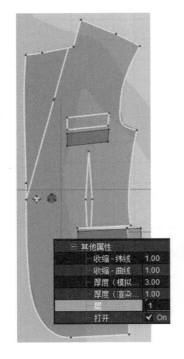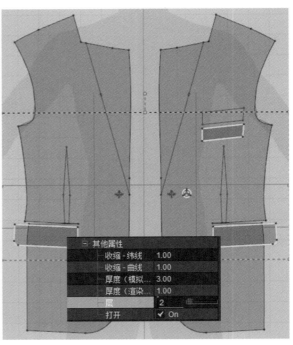

图5-74

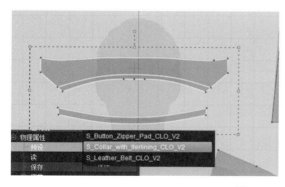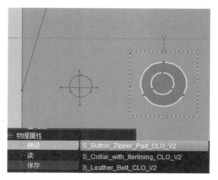

图5-75

步骤8：虚拟试衣。点击【模拟】工具，进行虚拟试衣。在模拟过程下，需按住鼠标左键向下方拖动翻领，使其向下翻转与颈部伏贴（图5-76）。再次点击【模拟】工具，停止模拟。如果领折线的【折叠角度】值为180（默认值），翻领和驳领都不能翻折，而呈现出立领状态（图5-77）。

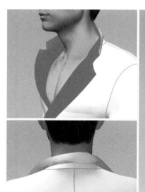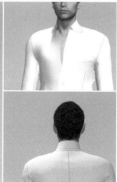

图5-76   图5-77

提示　缝合线折叠角度的范围为0°到360°。CLO3D系统的默认值是180°，对应一个平坦的表面，在此基础上增加或减少角度，会使衣片缝合处向上或向下折叠。

步骤9：置入面料。选择除口袋和扣子以外的所有衣片，在【属性窗口】中的【织物】标签页下，点击【Texture】选项栏右侧的按钮，在弹出的对话框中选择面料文件，选中的衣片都填充了同一种格子面料（图5-78）。选择口袋板片填充相同的格子面料，用【编辑纹理】工具在圆形控制点处拖动可放缩格子，沿着圆形拖动可改变格子的角度。选择扣子板片置入扣子素材图像，并调整其位置和大小（图5-79），完成最终的试衣效果（图5-80），保存服装文件。

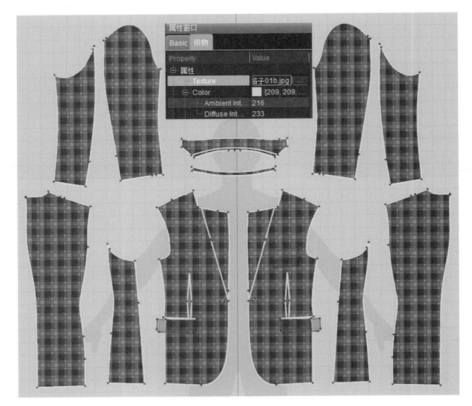

图5-78

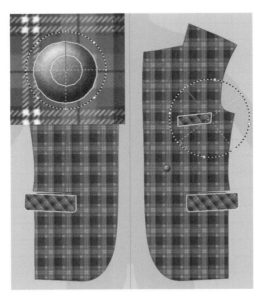

图5-79　　　　　　　　　　图5-80

2. 裤子虚拟试衣

步骤1：导入衣片文件。在CLO3D中导入在CAD打板软件中绘制的裤子样板文件，并用【传输板片】工具调整衣片的位置（图5-81）。

步骤2：缝合设定。用【勾勒轮廓】工具按住【Shift】键依次选择三条裤褶线，在右键弹出菜单中选择【Create Trace Inner Shape】，将其提取为内部线，选中C位置裤褶线，将其【折叠角度】的数值调整为0，使C位置裤褶线向内折叠（图5-82）。选择【自由缝纫】工具，设定腰褶缝合关系，依据腰褶倒向侧缝方向，先设定BC段与CD段反向缝合（即B到C点与D到C点缝合），再设定AB段与CD段同向缝合。C位置褶线与D位置褶线在靠近腰线一侧缝合6毫米（图5-83）。选择【线缝纫】工具分别对腰省、下裆缝线、侧缝线进行缝合（图5-84）。

步骤3：复制翻转衣片。用【传输板片】工具选择前、后裤片，在右键弹出菜单中选择【复制】，再选择【Mirror粘贴】得到对称裤片，已设定的缝合线也同时复制完成。选择【线缝纫】工具缝合前裤中线、后裤中线。选择【自由缝纫】工具，左键单击腰头左端点，移动鼠标到另一端单击，然后按住【Shift】键依次对应缝合右前片腰线、右后片腰线、左后片腰线、左前片腰线（图5-85）。

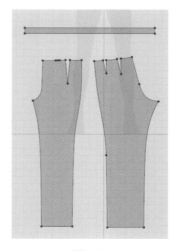

图5-81

图5-82

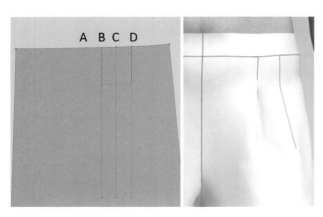

图5-83

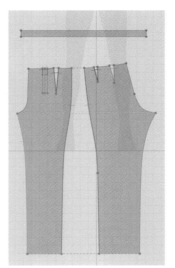

图5-84

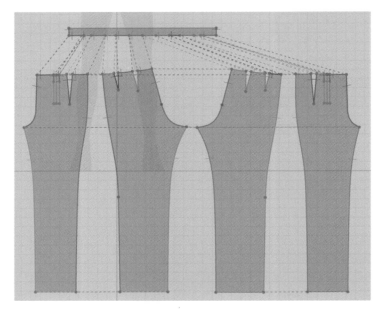

图5-85

步骤4：安排衣片。点击【显示安排点】工具，将裤片安排在模特周边。先选择裤片，再单击模特对应的安排点，裤片则环绕在人体的周边，然后通过三维放置球进行位置调整。安排腰头时，在【属性窗口】的【Basic】标签页下,修改其【抵消】值为35（默认值为50）,使腰头与人体更贴合（图5-86）。

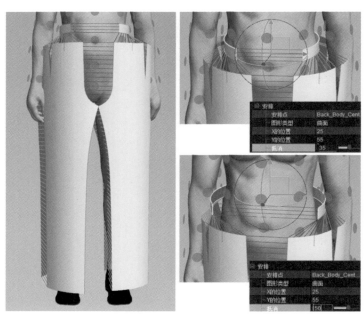

图5-86

步骤5：虚拟试衣。点击【模拟】工具，进行虚拟试衣。再次点击【模拟】工具则停止模拟。选择【Free Stitching】自由缝迹线工具（用法与【自由缝纫】工具相同），分别为腰头、前门襟添加明线，并调整【Basic】标签页下【Stitch】的各参数值，修改【Distance(mm)】值为6，【Thickness(mm)】值为1.5，【长度(mm)】值为5（图5-87）。选中全部衣片，置入选定的面料，用【编辑纹理】工具调整素材的位置和大小，完成最终的试衣效果（图5-88），保存服装文件。

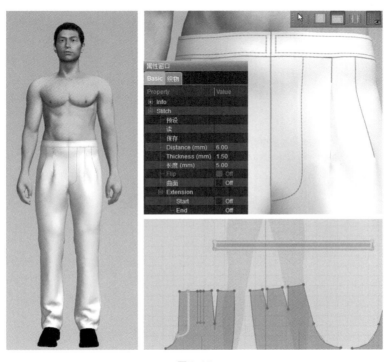

图5-87

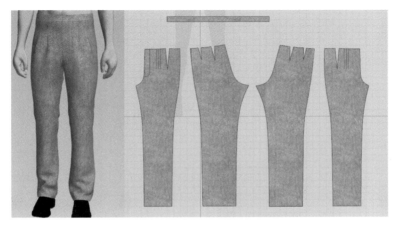

图5-88

3. 多层服装组合

步骤1：打开与添加文件。点击【文件】菜单【打开】命令下的【服装】选项，调入前面保存的西服文件，然后点击【打开】命令下的【添加服装】选项，调入裤子文件，上衣与裤子交叠在一起（图5-89）。

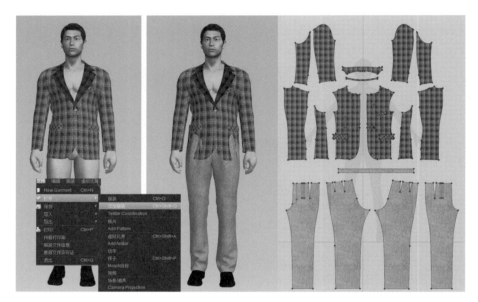

图5-89

步骤2：修改层属性。用【传输板片】工具选中全部西服衣片，在【属性窗口】中的【织物】标签页下，将【其他属性】中【层】栏里的数值改为1，并确定裤子的所有板片都在0层（图5-90）。

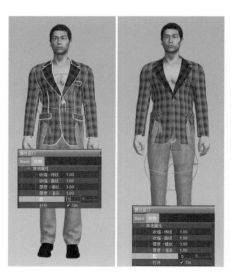

图5-90

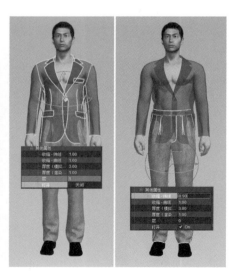

图5-91

步骤3：修改物理属性。用【传输板片】工具选中全部西服衣片，在【属性窗口】中的【织物】标签页下，将【其他属性】中【打开】栏里的状态改为关闭，衣片呈透明状，便于观察内层裤子。选中全部裤片，将【其他属性】中【收缩-纬线】栏里的数值改为0.9（图5-91），可视裤子的试衣效果动态调整收缩的数值。

步骤4：虚拟试衣。点击【模拟】工具，进行虚拟试衣。可以边观察效果边调整参数，然后将全部西服衣片的关闭状态改为打开状态，再点击【模拟】工具，完成西服套装的组合试衣（图5-92）。反之，如果将西服上衣设为0层，裤子设为1层，且减小上衣的【收缩-纬线】值，则可实现上衣在内、裤子在外的组合方式（图5-93）。

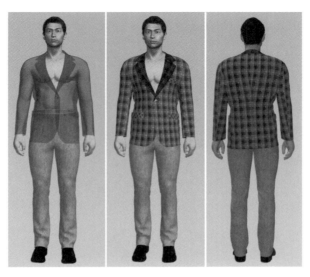

图5-92

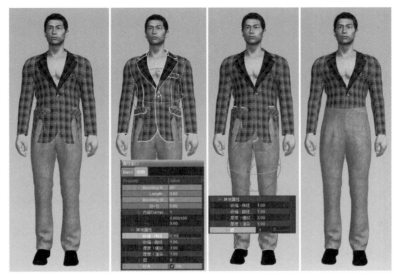

图5-93

三、PS虚拟结构设计与素材运用

1. 上下分身虚拟结构设计

步骤1：填充衣片底色。在PS中打开衣片文件（分辨率300PPI），隐藏省道图层，选用【魔棒工具】在衣片图层的轮廓线内点击，生成衣片选区。点击【图层】面板底部的【创建新图层】按钮，选用【油漆桶工具】在新建图层上填充底色（图5-94）。

图5-94

步骤2：上下分身虚拟结构填色。按下【Ctrl】键，在【图层】面板上的【图层缩览图】处单击，激活衣片图层的选区。切换到【选区交叉模式】，选用【多边形套索工具】从腰部勾勒上半部分，得到上半身衣片选区，新建图层填充上半身颜色。采用同样方法做出下半身选区，新建图层填充过渡色（图5-95）。

图5-95

步骤3：上半身条纹设计。新建图层，用【矩形选框工具】做条状选区并填色，按下【Ctrl+D】组合键取消选区。同时按下【Alt】键和【Shift】键,用【移动工具】拖动条纹，可复制出同方向对齐的条纹，重复同样的操作复制出覆盖上半身的一组条纹。在【图层】面板上，按下【Shift】键选中全部条纹，点击【属性栏】上的【水平居中分布】按钮使条纹间距相等，然后按下【Ctrl+E】组合键将条纹合并为一层。在【图层】面板上，将【设置图层的混合模式】设置为【柔光】（图5-96）。

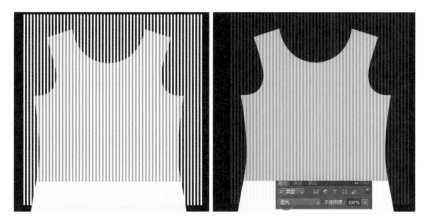

图5-96

步骤4：条纹效果处理。在上半身衣片之上新建图层，用【画笔工具】刷出阴影，将图层混合模式设置为【正片叠底】。按住【Alt】键，鼠标放在【图层】面板上两个图层之间（即上半身衣片图层和阴影图层之间），当鼠标形状改变时单击即可做出剪贴蒙版，继续做出条纹图层与阴影图层的剪贴蒙版，上半身衣片之外的条纹被隐藏（图5-97）。调整好效果后可合并这三个图层。

图5-97

步骤5：腰部蕾丝装饰设计。置入蕾丝素材，拼贴成带状，调整好在腰部的位置，与衣片做剪贴蒙版。选中蕾丝图层，点击【图层】面板底部的【图层样式】按钮，在弹出的【图层样式】面板上选择【投影】选项，设定阴影的颜色并调节相关的参数，使之具有层次感（图5-98）。再增加两道经编花边并做剪贴蒙版，拷贝蕾丝的图层样式粘贴到经编花边图层上，使之具有同样的立体感（图5-99）。

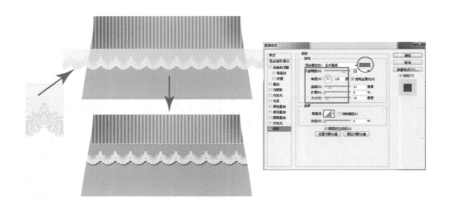

图5-98

图5-99

2. 数码装饰素材运用

步骤1：数码项链再造。置入珠子素材，选中珠子单元，按下【Alt】键，用【移动工具】拖动复制出多个珠子，排列成串珠式样，对称复制出右侧。合并珠子图层后与衣片做剪贴蒙版，设定图层样式为【投影】，阴影颜色要匹配（图5-100）。

图5-100

步骤2：数码领子与蝴蝶结设计。置入荷叶边领子与蝴蝶结素材，调整好领子的位置后与衣片做剪贴蒙版，设定图层样式为【投影】，阴影颜色要匹配。在领片之上新建图层，在领片选区内用【画笔工具】刷出阴影，将图层混合模式设置为【正片叠底】。再将蝴蝶结叠压在珠子上，做出阴影效果（图5-101）。

图5-101

步骤3：胸部装饰图案设计。置入装饰花朵与真人照片素材（图5-102），用【选择】菜单下的【色彩范围】命令来选择花朵素材的绿叶部分，在【图像】菜单【调整】项下，选择【色相/饱和度】命令，调整叶子的色调，与花朵颜色协调（图5-103）。新建图层，用【椭圆选框工具】，同时按下【Alt】键和【Shift】键，绘制出过中心点的正圆，填充颜色。新建图层，在【编辑】菜单下选择【描边】命令，在弹出的【描边】面板上设定描边的【宽度】数值和【颜

图5-102

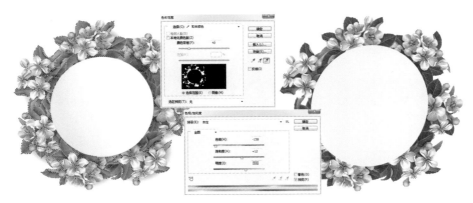

图5-103

色】，做出圆框的描边，设定图层样式为【内阴影】和【投影】。将真人照片图层移至圆框图层之上，与之做剪贴蒙版（图5-104）。

图5-104

步骤4：完成整体效果。将素材花朵调色后装饰在底边处，与衣片做剪贴蒙版。后片的设计方法同前片（图5-105）。

图5-105

3. 三维虚拟试衣与成品展示

步骤1：三维虚拟试衣。在CLO3D中打开衣服文件，将布局好的图案置入三维系统的衣片中，可以从不同的角度观察色彩搭配及图案布局的效果，还能够通过虚拟试衣及时发现问题并加以避免（图5-106）。从图中看到，省道位置处两侧图案对接不平顺，需要修改裁片的图案布局。

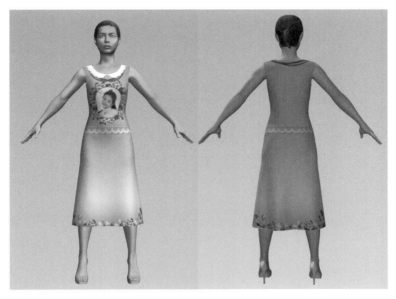

图5-106

步骤2：数码印花与成品展示。经修改后确定了最终的设计方案。将PSD（分辨率300PPI）格式文件合层，另存为TIFF格式文档用于数码印花，最终通过数码喷印与热转印工艺完成印花，并制作出成品(图5-107)。

图5-107

参 考 文 献

［1］区青. 英国时尚先锋［M］. 北京：中国纺织出版社，2014.

［2］刘元风，胡月. 服装艺术设计［M］. 北京：中国纺织出版社，2006.

［3］房俊宽. 数字喷墨印花技术［M］. 北京：中国纺织出版社，2008.

［4］郭瑞良，张辉. 三维服装虚拟与设计［M］. 上海：上海交通大学出版社，2014.

［5］贾京生. 计算机与染织艺术设计［M］. 北京：清华大学出版社，2011.

［6］徐雯. 服饰图案［M］. 北京：中国纺织出版社，2013.

［7］薛雁. 华装风姿——中国百年旗袍［M］. 北京：中国摄影出版社，2012.

三、成衣效果（图 5-9）

图 5-9

参考文献

［1］张文斌，张向辉，于晓坤. 女装结构设计·制版·工艺［M］. 上海：东华大学出版社，2010.

［2］鲍卫君，许宝良，高松. 衬衫设计·制版·工艺［M］. 北京：高等教育出版社，2010.